VOYAGE AGRICOLE

EN BELGIQUE.

VOYAGE AGRICOLE

EN BELGIQUE

ET

DANS PLUSIEURS DÉPARTEMENTS DE LA FRANCE,

SUIVI DE QUELQUES ARTICLES EXTRAITS DES JOURNAUX

D'AGRICULTURE ANGLAIS;

PAR M. LE COMTE CONRAD DE GOURCY.

PARIS,

IMPRIMERIE ET LIBRAIRIE D'AGRICULTURE ET D'HORTICULTURE

DE Mme Ve BOUCHARD-HUZARD,

5, RUE DE L'ÉPERON.

1849

1851

VOYAGE AGRICOLE

FAIT

EN BELGIQUE

PENDANT L'ANNÉE 1848.

Ayant été trompé sur la date de la réunion du congrès d'agriculture à Bruxelles, j'y suis arrivé le 27 septembre au matin, au lieu du 21, ce que j'ai d'autant plus regretté, qu'on m'a dit que ses séances avaient été fort intéressantes; j'espérais aussi y faire la connaissance d'un grand nombre de bons cultivateurs du pays, où la bonne culture existe depuis plusieurs siècles, et où, d'après ma manière de voir, on sait, du moins en petite culture, tirer le plus grand parti possible des terres en général et des sables les plus maigres en particulier. J'ai eu encore à regretter vivement de n'avoir pas vu le concours des bestiaux, où l'on a eu à admirer une grande quantité de chevaux de travail, de superbes bêtes à cornes, de grands moutons à laine longue, de cochons perfectionnés par le croisement avec des verrats chinois, et enfin de belles volailles.

J'ai eu cependant pour consolation le plaisir de voir et d'admirer, pendant plusieurs séances, l'exposition d'horticulture, qui m'a paru dépasser de beaucoup en plantes rares, en très-beaux légumes, et surtout dans son énorme collection de poires magnifiques, nos expositions horticoles de Paris. Il y avait des pommes de terre d'une immense quantité de variétés que je ne connaissais pas, des choux rouges monstrueux, aussi gros que les plus gros choux cabus que j'aie jamais vus, des carottes admirables, beaucoup de variétés de navets, rutabagas et kohlrabis, parmi lesquelles les meilleures espèces

1

connues en Angleterre. On voyait parmi les betteraves les
globes des différentes couleurs qu'on estime tant dans la
Grande-Bretagne; quant aux betteraves blanches à collets
verts, qui ressemblent à celles de Silésie, il y en avait d'énormes, mais surtout une qui avait près de 1 mètre de longueur
et qui était grosse en proportion. L'exposition des instruments
d'horticulture était assez considérable; elle se trouvait dans
une cour, sous une énorme tente. Ce que j'y ai trouvé de
mieux en instruments, c'est d'abord la charrue pour terres
ordinaires, d'un maréchal nommé Odeurs Jean-Matthieu, qui
demeure à Marlinne, on m'a dit dans les environs de Louvain:
elle a une espèce de soc destiné à fouiller le sous-sol, que je
n'approuve pas, quoique de bons cultivateurs du pays m'aient
assuré qu'elle faisait bien cette besogne; mais, pour bien re-
muer le sous-sol de 28 à 33 centimètres, il faut une charrue
faite exprès, qui devra être attelée de deux ou quatre et même
quelquefois six chevaux, et qui doit être précédée d'une
bonne charrue attelée de deux fortes bêtes de trait, qui auront
déjà assez de besogne à tracer une raie de 25 à 30 centim. et
profonde de 16 à 20. J'ai vu fonctionner la charrue d'Odeurs
dans une bonne terre franche, à la ferme-école de Bruxelles,
et je dois dire que je n'ai jamais vu faire un meilleur labour
profond que celui opéré par cette admirable charrue; elle est
un peu chère, son prix, avec le défonceur du sous-sol, étant
de 100 fr. Le maréchal Odeurs veut se faire payer son invention; mais une charrue comme celle-là ne se payera jamais
trop cher pour servir de modèle, et je serai fort heureux si je
parviens à la faire importer dans notre pays.

La charrue de M. d'Omalins, d'Anthine, près Liége, où
existe une fabrique d'instruments aratoires on ne peut mieux
exécutés, m'a paru être très-bonne, mais principalement pour
les terres fortes et collantes, son versoir étant convexe; dans
ce concours, elle a évidemment moins bien fonctionné que la
précédente, qui m'a aussi paru donner moins de fatigue aux
chevaux. Mais je pense que, si l'on avait eu une terre argileuse
à labourer, que celle de M. d'Omalins eût mieux fait. Il est

fâcheux que, dans cette espèce de concours, on n'ait pas eu un bon dynamomètre. Je crois que la charrue écossaise pour les terres fortes, que M. Moll vient de faire venir d'Aberdeen pour le musée d'agriculture du Conservatoire, sera meilleure pour le labour des terres fortes que celle de M. d'Omalins. Il n'en est pas moins vrai que c'est une charrue hors ligne, tant pour les formes que pour l'ouvrage, et que je pense qu'elle devrait figurer dans le musée du Conservatoire, ainsi que plusieurs instruments de la même fabrique qui suivent.

Charrue légère, à étançon mobile, recevant à volonté diverses pièces de rechange, propre aux petites exploitations qui labourent avec un cheval ou avec deux vaches, et aux cultures des plantes en lignes ; son prix, lorsqu'elle contient toutes les pièces, est de. . . . . 80 fr.

La charrue du plus grand modèle, simple. . . 72

La charrue à sous-sol, qui est très-solide et bien faite ; elle ne ressemble nullement à celles que nous avons déjà. 170

L'araire multiple, se montant à volonté en charrue à trois socs et en houe à cheval à trois pieds. . 174

Herse oblique à vingt-quatre dents en fer aciéré, avec pitons et crochets aux coins, servant de régulateurs et chaîne de tirage. 79

Une houe à cheval à socs transportables, servant aux binages profonds, à enlever la terre du pied des lignes, ou à la leur rendre. 72

Un grand pied à double versoir, pour faire de la houe à cheval un buttoir. 15

Trois dents avec chape et clef, et une double roue en fonte, pour faire de la houe à cheval un petit scarificateur. 25

M. Paul Claes, de Lembeck, un des propriétaires de la plus belle et de la plus considérable distillerie que j'aie vue, a exposé un semoir qu'il a construit d'après les meilleurs semoirs anglais, en le simplifiant pour le rendre d'un prix abordable pour les cultivateurs du continent. –

Ce semoir, que j'ai vu fonctionner chez M. Claes, m'a paru tellement bien, que j'ai renoncé à faire importer le semoir employé généralement en Écosse. Celui de M. Claes est à cuillers, qu'on change de manière à pouvoir semer depuis le trèfle jusqu'aux fèves; il sème sept lignes de céréales séparées par 19 centimètres. On ne peut pas, comme dans les semoirs anglais, qui coûtent de 8 à 1,500 fr., changer les distances entre les lignes, à moins d'en supprimer d'abord trois; alors il reste quatre lignes de semées, qui seront à 38 centimètres. Si on supprime quatre lignes, il n'en restera que trois de semées, qui seront à 57 centimètres. Il faut donc, lorsqu'on fait faire un semoir de cette espèce, être fixé sur la distance qu'on veut donner, une fois pour toutes, à ses semailles de froment et de récoltes sarclées. Si j'en faisais faire un, je le demanderais pour semer les céréales à 25 centimètres; en supprimant un trou entre deux, le semoir ne sèmerait plus que quatre lignes, qui se trouveraient à 50 centimètres les unes des autres; en supprimant quatre trous, le semoir ne sèmerait plus que trois lignes, qui seraient à 75 centimètres. 25 centimètres est la distance la plus généralement adoptée pour les céréales en Angleterre, quoiqu'on conseille maintenant celle de 50; mais on peut facilement sarcler les lignes distantes de 25 centimètres : cela se fait dans ce pays avec des houes à cheval, qui prennent jusqu'à onze lignes à la fois, sans arracher le grain. 50 centimètres est une excellente distance pour les carottes, les navets, le colza, les fèves et même les betteraves, si on suit, dans ce dernier cas, l'exemple que donnent les fabricants de sucre de betterave, qui doivent mieux savoir que qui que ce soit comment on doit s'y prendre pour avoir beaucoup de bonnes betteraves, puisque M. Decrombecq, fabricant de sucre à Lens, près Arras, sait faire venir, année commune, une moyenne de 50,000 kilog. de petites betteraves bien sucrées par hectare, sur 100 hectares de terre, dont la plus grande partie n'est pas très-fertile, en mettant les lignes à 50 centimètres les unes des autres, et en laissant, lors de l'éclaircissage, onze plantes dans une longueur de 2 mètres. Je pense que tout bon cultivateur, qui peut très-bien fumer ses terres et qui n'en aura pas de très-mauvaises, fera bien d'imiter M. Decrombecq, qui a encore une houe à cheval à trois socs, avec laquelle un homme et un cheval cultivent trois lignes de betteraves à la fois. Ce semoir coûtera 200 fr., et je désire on ne peut plus qu'on se décide à l'importer en France. Le scarificateur fait par M. Delstanche est celui, de ceux qui se trouvaient à ce concours, qui m'a paru le mieux; il est dans le genre de celui de M. de Dombasle, mais moins bien et pas si solide; aussi ne coûte-t-il que 100 fr. M. Claes avait exposé plusieurs instruments qu'il avait récemment importés d'Angleterre, parmi lesquels se trouvaient le meilleur râteau à cheval, celui de Smith, de Stamford, et un hache-paille.

Il y avait beaucoup de charrues belges, que nous nommons en France le brabant; il y en avait plusieurs qui m'ont paru devoir être excellentes, mais aucune ne pouvait se comparer d'abord à celles d'Odeurs, ensuite à celles que M. d'Omalins exposait. Il y avait des semoirs, coupe-racines, scarificateurs et autres instruments de culture, mais aucun d'eux ne m'a paru digne d'être cité ou de devoir être importé, car nous avons aussi bien et mieux que cela chez nous, et, après que ceux que j'ai cités comme dignes de l'importation auront été amenés à Paris pour pouvoir être copiés et puis répandus en France, il faudra aller choisir ce qu'il y a de mieux en ce genre aux concours des sociétés royales d'agriculture d'Angleterre et d'Écosse; car on trouverait là, sur quinze ou dix-huit cents instruments exposés, encore une trentaine qui, étant bien choisis et importés dans notre pays, y rendraient d'importants services. En examinant à l'exposition des instruments une charrue qui avait aussi son soc à fouiller le sous-sol, j'entendis deux messieurs exprimer une opinion qui paraissait favorable à cette réunion de deux instruments, qui, en Angleterre, sont toujours séparés, et qui ont chacun leur attelage distinct; je me permis de le leur dire. Un d'eux me dit alors : Ne seriez-vous pas M. de Gourcy? Je lui répondis que je ne comprenais pas comment il avait pu deviner si juste. Il me dit qu'il avait acheté mon *Voyage agricole dans la Grande-Bretagne*, et que, lisant le *Moniteur de la propriété*, il y voyait figurer souvent mon nom. Lui ayant dit que je projetais de parcourir pendant un mois ou six semaines la Belgique pour en étudier la culture, et qu'il me rendrait un grand service en me présentant à de bons agriculteurs de ce pays, il me dit qu'il le ferait très-volontiers; et, ce jour ainsi que les deux suivants, il eut la bonté de me présenter à un assez grand nombre de propriétaires qui s'occupent de culture, ce qui m'a été singulièrement utile dans ce voyage. Le soir, il me conduisit dans un concert qui réunissait une grande partie des habitants et des personnes venues des provinces à l'occasion des fêtes, qui, m'a-t-on assuré, doublaient en ce moment la population de la capitale belge. La salle se trouvait être une halle nouvellement construite, mais qui n'avait pas encore été livrée au commerce. Tous les artistes du pays se sont réunis pour orner cet immense emplacement; et, pour être juste, il faut dire qu'ils avaient fort bien réussi : la veille, on y avait donné un fort beau bal, auquel la famille royale assista. J'eus le plaisir d'y rencontrer M. Dumoulin, un de nos bons amis de France. M. Goupy, de Beauvolers, qui avait la bonté de me faire faire la connaissance de beaucoup d'agriculteurs, m'apprit que MM. de Renneville et Louis Vilmorin avaient assisté au congrès, et qu'ils y avaient pris la parole.

Le 28, nous nous rendîmes, M. Goupy et moi, à la ferme-école de Forets; elle a été louée pour donner, aux jeunes gens qui suivent les cours de l'école vétérinaire, quelques notions d'agriculture; elle ne se compose que de 28 hectares de fort bonnes terres, qui m'ont paru, du moins en ce que j'en ai vu, avoir besoin d'être drainées. Un autre inconvénient, c'est qu'elles sont morcelées. Lorsque j'ai parlé au directeur de cette ferme de l'assainissement complet des terres, il m'a dit qu'on ne pouvait pas s'en occuper, parce qu'on était à fin de bail et que la ferme était d'une trop petite étendue pour qu'on voulût la relouer. Le bétail se compose de sept à huit vaches, dont une seule, qui est fort petite, est une courtes-cornes de pure race ; on m'a dit qu'elle donnait une vingtaine de litres de lait, et que la meilleure des autres n'en donnait pas davantage. On y tient cinq ou six fortes juments flamandes, qu'on m'a dit avoir été payées de 7 à 900 fr. On ajoute, au fumier produit par ce petit nombre d'animaux, de 120 à 140 mètres cubes provenant des écuries de l'école vétérinaire. Comme on s'était réuni pour voir fonctionner les instruments, afin de pouvoir décerner les prix, je ne pus visiter avec le directeur les terres employées aux récoltes sarclées, qui se trouvaient éloignées ; je n'ai donc vu que du trèfle sur pied, et il était fort beau. L'assolement est froment, fumé à raison de 50 ou 50 mètres cubes de bon fumier, qui a été arrosé fréquemment avec du purin. L'année suivante, on met du seigle ; la troisième année, vient l'avoine ; la quatrième, moitié de la sole se trouve en trèfle, et le reste en pommes de terre et autres récoltes sarclées : on met des navets après le seigle. J'ai été fort étonné de voir un pareil assolement dans une ferme cultivée pour l'instruction agricole. L'essai des instruments commença en présence d'une trentaine de personnes, parmi lesquelles se trouvaient un certain nombre de membres du conseil supérieur d'agriculture, dont M. Goupy fait partie. On essayait un instrument après l'autre, mais on voyait que ces messieurs n'avaient pas l'habitude des concours ; ils manquaient d'abord de la chose essentielle, d'un bon dynamomètre, et aussi d'une règle convenable pour mesurer la largeur et la profondeur des sillons formés par les charrues. Comme j'ai déjà parlé de ce que j'ai vu dans cet essai d'instruments, je n'en dirai plus rien. Le 29, j'ai encore examiné l'exposition des racines et autres produits agricoles, qui étaient fort beaux. Ce qui m'y a le plus frappé, c'est l'extrême beauté d'un grand nombre de pieds de houblon qu'on y avait placés dans toute leur longueur contre un grand mur, ainsi que les chanvres et lins tant bruts qu'en filasse ; les fèves et pois fourrages, d'une hauteur démesurée et garnis de gousses comme je ne l'avais jamais vu ; toutes les espèces de grains encore dans la paille et d'une grande beauté ; des variétés de grains divers venant d'Angleterre ou d'autres pays, et dont les épis longs et carrés annoncent une production bien plus abondante que celle qu'on obtient de grains anciennement connus.

Les collections de ces grains étrangers qui m'ont paru être les plus remarquables sont celles de M. Peers d'Osteamp, près Bruges. Un de ses froments, qui est très-remarquable, porte le nom de *deveaux* ; il ressemble beaucoup au froment de M. Bazin, connu sous celui de froment du Ménil-Saint-Firmin ; mais le deveaux est plus beau, les épis étant plus longs et cependant aussi fournis. Il a aussi les froments anglais nommés *hunter*, et celui d'Oxford. M. François Leclerck, à Grivégnée, près Liége, a aussi exposé une fort belle collection de grains qui lui sont venus de Heidelberg sous les noms suivants, qui ont dû, je crois, être en partie changés en voyageant : un froment blanc très-beau sous le nom de *marygold*, qui, en Angleterre, a été donné par M. Fisher Hobbs à un froment rouge très-productif ; un froment roux d'hiver ; un froment carré de Sicile. Je n'ai pris que les noms des grains qui s'annonçaient le mieux. M. Rampelbergh, marchand grainier, Grande-Place, 22, à Bruxelles, a aussi les froments nommés ci-dessus.

Je suis parti le samedi au soir pour aller coucher chez le baron de Faillys, dont je suis le cousin, dans sa terre de Straatem, sur la route de Bruxelles à Ninove ; il est général au service belge. Sa propriété, composée de plus de 100 hectares, est d'une grande fertilité, et se trouve située dans un fort beau pays, un peu boisé et coupé de jolies collines qui laissent échapper de nombreuses sources ; le draining rendrait encore ici d'immenses services.

Les fermes de ce pays ne contiennent que 10 ou 12 hectares, qui se louent 100 fr. chacun. Nous en avons visité une qui contenait six bêtes à cornes, deux juments, un grand poulain et deux cochons. J'y ai vu de superbes trèfles qui allaient fournir la troisième coupe, de fort beaux houblons et de beaux champs de colzas repiqués.

Mon cousin, m'ayant conduit dans une église pour y entendre la messe, m'y a fait voir un tableau d'autel qui est formé des sculptures les plus fines et les plus remarquables. Un Anglais doit en avoir offert 80,000 fr. La chaire est aussi supérieurement sculptée. Toutes ces belles choses n'appartiennent qu'à une église de village, et cependant les habitants n'ont pas voulu laisser partir leur tableau pour avoir 80,000 fr.

Les terres se vendent de 4 à 5,000 fr. l'hectare. Les plantations de hêtres, d'ormes et de frênes y sont nombreuses et y viennent à merveille ; ces arbres y parviennent à de grandes hauteurs. Mon cousin vend ses deux récoltes de foin et regains réunies 200 fr. par hectare. Les acheteurs viennent en faucher tous les jours pour nourrir leur bétail.

M. de Faillys m'a conduit le lendemain chez MM. Claes, à Lembeck, à environ 4 lieues de chez lui ; les chemins de traverse que nous avons parcourus, en nous y rendant, nous ont fait voir un beau et riche pays.

M. Paul Claes, qui est le cadet des deux frères, est un habile mécanicien. Il a inventé un appareil au moyen duquel on fait le sucre plus facilement et bien plus vite qu'avec les appareils connus auparavant. On fabrique dans cette maison le produit de plus de 100 hectares de bonnes terres, cultivées par ces messieurs et leurs fermiers, en betteraves. Ils ne cultivent par eux-mêmes qu'une centaine d'hectares, dont ils ne mettent, chaque année, qu'un tiers en betteraves.

Ils ont, outre leur sucrerie, une immense distillerie de grains qui contient des appareils comme je n'en avais jamais vu pour ce genre d'industrie ; cela les met en position d'engraisser jusqu'à 1,200 bêtes à cornes par an. Ils ont une trentaine de gros chevaux et une fort belle espèce de cochons blancs, qu'ils m'ont dit venir du comté de Derby, en Angleterre. Les bêtes à l'engrais consomment chacune 1 hectolitre de résidu de distillerie par jour, et trois bottes de foin pour dix bêtes, sans compter la paille ; au bout de deux mois, on diminue les résidus de 25 litres, et l'on ajoute 2 kilog. d'un

mélange composé de 1 kilog. de tourteau de lin, 1/2 kilog.
de farine de fèves et autant de farine d'orge. On met cinq ou
six mois à terminer l'engrais. Leurs étables sont fort belles et
très-bien ténues; elles peuvent servir de modèles. On nous
a fait voir une vache, deux grandes génisses et un jeune taureau courtes - cornes de pure race; ces bêtes étaient fort
belles. Il y avait une paire de bœufs, produits par un croisement entre un taureau durham et des vaches hollandaises,
qu'on nous a dit n'avoir que trois ans, et qui étaient d'une
taille énorme. Ils font saillir les vaches des environs par leurs
taureaux durhams et achètent les veaux mâles qui en proviennent, âgés de huit jours, de 15 à 20 fr., pour les élever;
nous avons vu des élèves de ce genre de différents âges, qui
m'ont paru fort beaux. On étrille les bêtes à l'engrais deux
fois par jour. Ces messieurs ont sept ou huit jolis chevaux de
luxe et de fort beaux poulains; ils ont une jeune jument provenant d'un étalon anglais ayant trois quarts de sang : elle
leur a coûté 1,200 fr. Ils ont un fort bel étalon percheron,
que M. Rivière, marchand de chevaux à Paris, leur a fourni.
Ils ne payent leurs gens de journée que 90 centimes par
jour, mais leur donnent de la bière. J'ai vu les carottes et navets semés avec le semoir dont j'ai parlé, et ils se trouvaient
parfaitement semés. Il y a, dans cette maison si industrielle,
deux machines à vapeur de la force de quinze chevaux et un
grand moulin à vent pour moudre les grains. Ce magnifique
établissement a été commencé par l'arrière-grand-père de ces
messieurs, qui n'ont qu'une sœur. Ils ont été on ne peut plus
complaisants pour nous faire voir et expliquer tout. Il y a,
dans le même village, une papeterie sans fin, dont le propriétaire possède une fort belle vacherie, dans laquelle se
trouve une superbe vache hollandaise qui a coûté 450 fr., et
qui donne pendant trois mois, après avoir vêlé, 52 litres de
lait qui produisent 1 kilog. de beurre; ses trois filles, « venant
d'un taureau durham, » sont de fort belles vaches, dont
l'aînée, qui a quatre ans, ne donne qu'un quart de moins en
lait et beurre que sa mère, ce qui est assurément fort beau.

On m'a dit qu'on vendrait ces trois jeunes bêtes pour 900 fr. Un boucher avec lequel je suis allé de Lembeck à Haal, où je devais prendre le chemin de fer, m'a dit qu'il tuait souvent des bêtes provenant d'un croisement de taureau durham avec des vaches du pays, et qu'il les estimait infiniment ; il a ajouté qu'on croisait chaque jour davantage dans ces environs.

Il y a aussi à Haal une fort belle distillerie, une sucrerie de betteraves, une fabrique de porcelaine, et un superbe moulin qui a été monté par des Anglais.

On m'a dit à Bruxelles qu'une voiture de fumier, assez chargée pour que deux bons chevaux aient de la peine à la traîner sur le pavé, ne se payait que 7 fr.; on en donne à Charleroy le même prix ; c'est bien bon marché.

J'ai vu dans une écurie d'auberge, à Bruxelles, des barres suspendues entre les chevaux, qui se trouvaient garnies de paille de manière à ce que, si les chevaux ruaient après, ils ne pussent se faire de mal.

Le pays entre Braine-le-Comte et Charleroy m'a paru fort beau et fertile, bien cultivé, mais cependant moins avancé en ce genre que dans les environs de Bruxelles.

Après avoir déjeuné à Charleroy, chez un bon cuisinier, qui est de Versailles et qui a le plus bel hôtel de cette ville, à l'enseigne de l'Univers, je suis allé visiter le superbe établissement de forges de Couillet, qui est à une demi-lieue de la ville. Il y a neuf hauts fourneaux, dont six marchaient continuellement avant notre dernière révolution. Dans ce moment, aucun d'eux n'est en feu ; mais on est occupé à en allumer un. On m'y a fait remarquer du minerai provenant d'une mine récemment découverte, à environ 8 kilomètres de Namur. Il donne, m'a-t-il été assuré par un des chefs de l'établissement, 80 pour 100 de fer, tandis que l'autre n'en donne que 40 à 45 pour 100. Cette mine, dont je rapporte un échantillon, ne ressemble à rien de ce que j'ai vu en fait de minerai.

M. Pot, un des employés supérieurs de la forge, avec qui je m'étais trouvé sur le chemin de fer en venant de France, a eu l'extrême complaisance de me faire voir tout ce superbe établissement; il s'est, en outre, mis à ma disposition pour m'expédier des briquetiers, si je me trouvais en avoir besoin. Il m'a donné l'adresse du sieur Pierre Rousseau, dit Cailloux, qui travaille depuis plus de vingt ans à faire des briques au Creusot. Ce brave homme m'a aussi promis de m'aider dans cette recherche. Il demeure dans la commune de Dampremy, près Charleroy. Un charretier qui transportait du charbon sur un chariot attelé de sept gros chevaux m'a dit qu'il en pouvait mener sur une route pavée 10,000 kilog. Les mines de charbon et des usines de toute espèce se touchent dans les environs de Charleroy; le pays est couvert de grands villages qu'on appellerait, dans d'autres contrées, du nom de villes. On voit qu'il y a habituellement beaucoup d'aisance dans ce pays. Les hommes et les femmes y sont de grande stature et paraissent être très-forts. En me rendant de Charleroy à Mons, j'ai voyagé avec le lieutenant-colonel Verspyek, qui est de la ville d'Etelbruck, sur les bords de la Moselle, entre Metz et Trèves; il est directeur d'artillerie de Mons, et d'un certain nombre d'autres villes de cette partie de la Belgique. Il a été fort aimable pour moi, et s'est mis à ma disposition pour me conduire dans la fameuse forge de Hornu.

Les très-grosses briques se vendent à Charleroy 10 fr. le mille. Le menu charbon s'y vend 50 centimes l'hectolitre; le mêlé, 90 centimes; le meilleur, qui sert à faire du coke, 1 fr. 12 c. 1/2; celui à briques ou à chaux, de 50 à 60 cent.

Les journaliers, dans le pays du charbonnage de Charleroy, gagnent à peu près le même salaire que dans le centre de la France; mais le manque d'ouvrage du moment les déciderait à s'expatrier. Ce ne sont que des briquetiers qu'on pourrait tirer de ce pays, car la culture n'y est pas avancée. Dans les environs de Mons, les mineurs gagnent de 5 à 4 fr. par jour en temps ordinaire; maintenant ils n'ont plus que 2 fr. Je me suis rendu, le 8 octobre, à Cuesmes, grand village qui commence à la porte de Mons, et dont je n'ai pu atteindre l'autre extrémité qu'après avoir marché très-rapidement pendant plus d'une demi-heure. J'allai visiter le curé de cette paroisse, qui a plus de 4,000 âmes, M. l'abbé Mangin, beau-frère d'un fermier belge, qui vient de louer une des fermes de mon frère. Il m'a dit, entre autres choses, que la commune possédait des marais qui lui servaient de pâturages ; elle les a vendus, et construit maintenant, avec une partie des fonds, une superbe église, un fort beau presbytère, une école considérable et une mairie. Ces constructions lui coûteront plus de 150,000 fr. Ils ont vendu, depuis notre dernière révolution, 9 hectares de ces marais pour 50,000 fr., et, sans cette circonstance fâcheuse, ils en auraient eu au moins 60,000 fr. Nous sommes allés, M. l'abbé Michot, qui est un savant naturaliste habitant Mons, et moi, faire une visite à M. le baron de Saint-Symphorien, à environ 20 kilom. de Mons. Il cultive une ferme de 80 hectares, qu'il a déjà singulièrement améliorée ; mais le draining serait la première des améliorations à y opérer. M. de Saint-Symphorien tient une comptabilité agricole ; il emploie beaucoup de chaux dans ses terres et en vend une grande quantité à raison de 16 fr. les 50 hectol., ce qui m'a paru fort bon marché ; il m'a cependant assuré y avoir du bénéfice : il en met 200 hectol. par hectare. Il fait beaucoup de navets d'éteule, mais les sème à la volée sans les éclaircir. Il plante de 5 à 6 hectares de colza ; cela lui coûte 24 fr. par bonnier de 136 ares. Un homme, que j'ai vu occupé à le faire, formait les trous avec un simple plantoir à colza qui a environ 70 centimètres de long, qui est traversé, au haut du manche, par une forte cheville, par laquelle il tient avec les deux mains ce plantoir, dont la pointe est fort grosse ; il donne un coup en terre qui a été roulée, et retire : cela se fait excessivement vite, car il fournit, de cette manière, trois planteurs, qui sont une jeune fille de seize ans, qu'il paye à raison de 1 fr. 40 c. par jour, tandis que les femmes de journée ne gagnent que 62 c. 1/2. La seconde ouvrière qui plante est sa fille, qui n'a que douze ans, mais qui est très-alerte ; enfin le troisième planteur est son fils, qui n'a que huit ans. J'ai été étonné de l'adresse et de la vivacité avec lesquelles ces pauvres enfants mettent le plant dans les trous, qu'ils bouchent à coups de talon. Ces quatre personnes plantent 136 ares en cinq journées ; elles pratiquent de onze à douze trous sur la largeur d'une planche qui n'a que 283 centim. de large. Ces lignes ne sont qu'à 28 centim. les unes des autres. Ces trois enfants ont de la peine à le fournir, malgré leur activité extraordinaire. Je suis persuadé que six femmes du Berry ne pourraient les remplacer.

M. de Saint-Symphorien m'a dit qu'il semait son replant de colza dans une terre épuisée, afin de l'avoir d'une couleur rougeâtre et à tiges dures ; j'avais toujours entendu dire qu'il fallait que le terrain destiné à la pépinière de colza fût très-fortement fumé.

Nous avons vu huit femmes de journée occupées à ramasser le chiendent qui se trouvait en grande abondance dans un champ qu'on hersait, pour couvrir la semence de froment ; cela m'a confirmé encore davantage dans l'idée que j'avais déjà, que je n'étais pas encore arrivé dans le pays de bonne culture.

M. de Saint-Symphorien m'a fait voir le compte de revient de sa chaux ainsi établi : trois hommes et une fille extraient la craie ou marne, dont on fait la chaux, de galeries souterraines qui sont à une petite profondeur en terre ; ils suffisent à faire cette besogne, à charger le four et à en extraire la chaux. Ces quatre personnes, qui sont à la journée, gagnent 27 fr. par semaine ; cependant il y a des semaines où cette dépense se trouve arriver à 39 fr. ; je ne sais pas pourquoi. Le charbon nécessaire pour la semaine coûte, pris sur place, 11 fr. Le four produit 390 hectol. de chaux par semaine ; on n'a pas compté l'user du four, le port du charbon qui ne vient pas de fort loin, je crois d'une distance de 2 kilomètres, ni la valeur de la craie. D'après ce compte, la chaux ne coûterait à M. de Saint-Symphorien qu'environ 10 cent. l'hectol. ; mais, d'après la visite d'autres fours à chaux, je dois croire qu'il se trompe dans le changement en hectolitres de la mesure usuelle employée dans le pays pour vendre la chaux, qui est un panier qu'on nomme une manne : il faut, à quelques lieues de chez M. de Saint-Symphorien, 500 mannes pour former 100 hectol. de chaux, et le 100 de mannes se vend là, suivant la qualité de la pierre à chaux employée, depuis 9 à 14 fr., ce qui ferait 45 ou 70 fr. les 100 hectol. de chaux, tandis qu'il prétend vendre 16 fr. les 50 hectol. ou 32 fr. les 100; cette différence de prix, qui est de près du double, ne peut exister entre deux endroits séparés seulement de quelques lieues.

M. de Saint-Symphorien fait bouillir les racines, qu'il fait consommer par son bétail, avec beaucoup d'eau, afin d'avoir un bouillon pour arroser le foin coupé; on écrase ensuite les racines, puis on les mélange avec le fourrage; il ajoute à cette nourriture 1 kilog. de tourteau de colza par tête. Il a quatre bœufs de travail qui sont attelés avec des colliers; il assure qu'ils font ainsi autant d'ouvrage que les chevaux qui ne sont pas grands, mais d'une bonne espèce, ressemblant aux ardennais. Il fait creuser à la bêche, entre les planches de cinq tours de charrue, des rigoles aussi larges dans le fond qu'à la surface de la terre, et qui ont bien 33 centim. de profondeur sur 28 de largeur; elles servent à écouler l'humidité surabondante, et la terre qui en sort sert, étant placée par demi-bêchée entre les pieds de colza et des grains, à les abriter contre les mauvais vents d'hiver, ainsi qu'à maintenir la neige sur la terre, ce qui est très-utile aux plantes. Cette terre qui vient en partie du sous-sol, ayant été déposée à la surface, s'y trouve mûrie par l'hiver, et ce mélange en petit de terres neuves avec celles de la surface leur fait du bien.

J'ai été accueilli à merveille dans la jolie habitation de M. de Saint-Symphorien, qui voulait absolument que je lui accordasse quelques jours; ces dames ont été on ne peut plus aimables. Le pays que nous traversâmes pour faire cette visite m'a paru ne pas être fort avancé en culture. Notre chemin nous conduisit au travers d'une forêt très-considérable, et dont toutes les tranchées sont bordées de beaux chênes, hêtres et blancs de Hollande : elle appartenait au prince de

Ligne, dont l'habitation, qui se nomme Bellœuil, n'est pas très-éloignée de chez M. de Saint-Symphorien.

J'avais oublié de dire que, dans les environs de Lembeck, j'avais vu beaucoup de replants de choux cabus, rouges et verts, qu'on a le soin d'arracher au moment où les gelées se déclarent, pour les mettre en jauge pendant l'hiver, dans un endroit abrité et sain, où on les couvre avec du fumier long ou de la paille ; on les plante une fois les froids passés, et l'on obtient ainsi ces énormes choux que tout le monde admirait au concours de Bruxelles.

J'ai loué un autre cabriolet, le 2 octobre, pour me rendre à Hornu. Les pâturages et prés qui entourent Mons sont d'une grande fertilité et aussi d'un grand produit, car le foin s'y vend depuis 50 à 70 fr. les 500 kilog. Les villages se touchent et arrivent à des populations énormes ; il y en a qui dépassent 6,000 âmes. Ils sont fort bien bâtis ; on y voit de fort belles maisons habitées par les notaires, les médecins, les receveurs, les propriétaires ou principaux employés des nombreuses mines et autres usines.

Hornu est l'établissement métallurgique le plus beau que j'aie encore rencontré dans mes nombreux voyages. L'usine a été construite sur un plan tracé d'avance ; elle est donc très-régulière. Les bâtiments sont fort beaux et ne sont pas noirs et sales, comme cela arrive dans toutes les forges. On a construit tout autour une immense quantité de jolies maisons d'ouvriers, dans lesquelles il y a des logements plus ou moins considérables, qui peuvent contenir quatre cent vingt-sept familles. Toutes les maisons se ressemblent et forment plusieurs rues larges et bien alignées. Il y a de belles places plantées d'arbres et servant de promenades à ces braves gens. Les plus petits logements se composent de deux chambres et ont leur jardin : elles sont louées 1 fr. 50 c. par semaine. Cet immense établissement est sillonné de tous côtés par de petits chemins de fer. Un chemin de fer plus grand va rejoindre celui de Bruxelles à Paris, ainsi que le canal. Ces chemins de fer, qui mènent des diverses usines au chemin de fer de l'État et qui emploient des locomotives du prix de 30,000 fr., sont assez communs dans ce riche canton. On compte, dans cet établissement de Hornu, douze machines à vapeur et autant de puits à houille. On y construisait beaucoup de locomotives avant la révolution de février; trois mille ouvriers, dont le moindre gagnait au moins 2 fr., y étaient employés. Tout cela est bien changé; depuis lors, on ne fait qu'achever ce qui était commencé. Les mineurs commencent leur journée à deux heures du matin et la finissent à quatre ou cinq de l'après-midi : ils gagnaient de 13 à 16 fr. par semaine, ils n'en gagnent que de 9 à 11 maintenant; ils sont obligés de manger en travaillant, n'ayant pas de temps de repos. J'ai vu d'horribles baraques dans la campagne, qui n'avaient qu'une chambre et qui sont louées 4 et 5 fr. par mois.

Les hommes de ce pays sont très-actifs, et les femmes le paraissent encore davantage; on les voit, pieds nus, porter à de grandes distances un demi-hectolitre de charbon de terre pesant 45 kilog.; on m'a même assuré qu'il y en avait qui portaient 1 hectol. On voit beaucoup d'hommes, de femmes et même d'enfants bêchant la terre, qui paraît facile à cultiver; on les voit brouetter du fumier et de la terre pour améliorer leurs champs; mais, avec tout cela, le pays ne m'a toujours pas paru des mieux cultivés, quoique le loyer des terres s'élève de 150 à 200 fr. par hectare.

Je n'ai vu dans ma course que fort peu de colza, dont une partie n'était pas repiquée, mais semée à la volée.

J'ai rencontré, près de Mons et dans la ville, beaucoup de petites voitures attelées d'un ou de plusieurs chiens charroyant toute sorte de choses, mais surtout du charbon. Une de ces voitures était attelée de six chiens de moyenne taille, qui traînaient avec une grande ardeur de 6 à 7 hectol. de charbon de terre; à 7 hectol., cela ferait une charge de près de 600 kilog. On m'a dit qu'ils faisaient ainsi quatre voyages par jour, allant à environ 4 kilomètres; on les lâche pendant la nuit, qu'ils emploient à chercher leur nourriture dans les tas d'ordures.

Je suis parti le 6 de Mons par une diligence qui m'a fait passer par Hornu, Jemmapes et Saint-Ghislain; ces deux villes m'ont paru considérables. La dernière est située sur le chemin de fer de France, ainsi que sur le canal qui va aussi à Paris; on y chargeait beaucoup de charbon de terre sur de fort beaux bateaux.

J'ai traversé de nouveau, mais dans une autre partie, la belle forêt de Bellœuil. Le pays était d'une grande fertilité jusqu'à l'entrée de la forêt; mais, en revanche, à la sortie, il était des plus mauvais : ce sont des bruyères qui n'ont que quelques pouces de terre sablonneuse sur la roche. On y voit de misérables baraques construites par des carriers qui font des pavés avec le grès. Plus loin, on passe dans un village qui se nomme Bavesne, où l'on s'occupe principalement de la fabrication de la chaux; il s'y trouve plus de trente fours à chaux, parmi lesquels il y en a qui sont immenses. On l'emploie principalement à chauler la terre, et l'on vient de fort loin pour en chercher; car il est d'usage d'en mettre, tous les trois ans, de 60 à 100 hectol. par hectare.

Je suis enfin arrivé au château de Bury, où j'ai trouvé M. le comte Ferdinand de Bocarmé, chez lequel j'avais été si bien reçu deux ans auparavant. Il y était; mais, forcé de s'absenter pendant deux jours à partir du lendemain, je profitai de son absence pour visiter les environs. Je fus d'abord chez M. le marquis d'Auxy. C'est un garçon d'une quarantaine d'années, qui s'est arrangé un petit logement dans une ferme qu'il fait valoir. Il a de fort bonnes terres qui sont très-fortes et qu'il laboure à 30 centimètres de profondeur, avec un brabant fait exprès pour ces labours profonds, mais qui ne m'a nullement séduit : il emploie aussi de jeunes bœufs au labour et au hersage; il n'a que des vaches de pays qui ne m'ont pas paru très-bien soignées, de même que le reste de la culture. J'ai vu, chez lui, des poulains de pur sang et d'autres provenant d'étalons de pur sang avec de grosses et belles juments flamandes; ces derniers étaient en fort bon état, et devaient faire, plus tard, de bons chevaux de travail.

Je me rendis de là à Lessine, où j'arrivai fort tard ; on traverse un pays montueux et très-ingrat. Jusqu'à une petite distance de cette ville, ce sont, en grande partie, des bruyères sablonneuses sur un sous-sol argileux ; on y sème des pins, on y plante des bois, on y a fait des fermes qu'on assure n'être pas productives. Comme il faisait nuit, je n'ai pu rien voir de ce petit désert, qui se trouve entouré de pays si bien cultivés et si fertiles. Après avoir mis mes notes à jour et avoir déjeuné, je partis dans un cabriolet que mon hôtesse me loua, pour me rendre à Renaix, fort jolie petite ville du pays flamand. J'en repartis avec une diligence, qui me conduisit à Leuze, où je fus faire une visite à M. Fontaine, propriétaire-cultivateur, chez lequel j'étais allé il y avait deux ans, et dont j'avais beaucoup admiré la culture. Ils étaient, lui et madame Fontaine, tout seuls chez eux, toute leur nombreuse et belle famille, ainsi que la plupart des domestiques, s'étant rendus à une fête dans un village voisin. Il cultive 80 hectares de fort bonnes terres, mais qui auraient, en général, grand besoin du draining. Sa ferme est située à la porte d'une ville de 7,000 âmes. J'ai vu, chez lui, de fort beaux navets faits sur jachère, mais qu'on avait négligé d'éclaircir ; d'autres, faits après seigle, n'avaient pas été sarclés : si on les avait semés en lignes au lieu de les avoir semés à la volée, le sarclage aurait pu se faire à la houe à cheval, du moins en grande partie, et il est probable que les navets eussent été infiniment plus beaux et la terre eût été assurément beaucoup moins sale. J'ai été enchanté d'un champ de choux caulets, qui étaient tout ce qu'on pouvait désirer de mieux.

Ses carottes sont fort belles. Il a des trèfles semés sur seigle, à qui on a donné de suite, après la moisson, une forte dose de chaux mêlée de cendres : ils sont magnifiques. Ses prés sont fort bien soignés. Il a quarante fort belles vaches, une vingtaine de bons chevaux ou élèves, cent gros moutons qu'on vend, lorsqu'ils sont gras, de 50 à 55 fr. la pièce. Ne sachant pas qu'il y eût une diligence qui partît le matin de Leuze pour Bury, je n'arrivai qu'après son départ, et je fis donc ces 5 ki-

lomètres à pied. Cela me fournit l'occasion de causer avec un
jeune laboureur et sa mère, qui faisaient labourer par leurs
deux vaches une terre fumée qui devait produire du froment;
la mère faisait tomber dans la raie ouverte le fumier qui se
trouvait sur la raie qu'on allait tracer. Ils m'ont dit qu'une
bonne paire de vaches pouvait cultiver de 3 à 4 hectares. La
quantité de lait diminue lorsqu'on les fait travailler; mais, si
on a le soin de bien les nourrir et d'ajouter aux navets qu'elles
consommaient dans ce moment quelques livres de tourteaux
mêlés de farine d'orge, ou de fèves et pois, alors elles font
autant de beurre que si elles ne travaillaient pas. On ne les
fait jamais travailler qu'une demi-journée par vingt-quatre
heures ; mais, ce qui est préférable, c'est de ne leur demander qu'un quart de journée à la fois, et, si l'ouvrage presse, de
les faire travailler un quart de jour le matin et autant le soir.
Pour bien faire, il ne faut pas les faire travailler quand elles
sont avancées dans leur gestation. On peut faire travailler les
génisses à l'âge de deux ans, lorsqu'elles ont été bien nourries, car elles sont alors déjà fortes. J'ai vu de fort jolies maisons à deux chambres près de la ville de Leuze; elles n'ont,
à la vérité, que 3 ares de jardin en fort bonne terre : on les
paye 4 fr. par mois. Le ruchotage ou creusement à la bêche
des rigoles entre les planches se paye à Leuze, dans les terres
fortes, 1 centime par mètre.

A mon retour au château de Bury, M. de Bocarmé n'était
pas encore revenu de Bruxelles, où il avait été appelé comme
membre du jury agricole chargé de décerner les prix. J'employai mon temps à visiter la sucrerie de betterave, dont il est
un des principaux actionnaires : elle est située dans la commune de Peruwez , à une demi-lieue de chez lui; mais il a
une bonne route pavée pour s'y rendre. Elle est placée sur les
bords du canal qui va de Mons à Tournai, ce qui lui permet
d'avoir le charbon à bon marché; il coûte, là, de 90 c. à 1 fr.
Elle est fort rapprochée d'une autre sucrerie de ce genre, qui
a aussi été formée par une souscription composée presque en
entier de cultivateurs qui fournissent eux-mêmes une bonne

partie des betteraves employées dans ces deux beaux établissements. On fabrique dans chacune de ces usines entre 4 et 5 millions de kilog. de betteraves, qui leur sont fournies à raison de 16 fr. le mille, et l'on m'a dit que les cultivateurs des environs en fourniraient volontiers à ce prix une quantité suffisante pour alimenter une troisième sucrerie aussi considérable. On y révivifie le noir animal comme chez M. Clacs, d'après une méthode qu'il a imaginée, et que M. Decrombecq, de Lens, a aussi adoptée comme un véritable perfectionnement. On m'a dit là qu'elle était moins économique, mais bien plus expéditive que celle en vase clos. On fait, année commune, dans la sucrerie que je visitais, de 45 à 50,000 kilog. de sucre.

Les betteraves qu'on livrait en grande quantité à cet établissement, pendant que j'étais là, étaient, en général, beaucoup trop grosses pour être sucrées ; on m'a dit aussi que la plus grande partie de ces betteraves, qui sont blanches et à collets verts, ne sont pas de la véritable espèce des betteraves de Silésie, regardées comme les plus sucrées de toutes. Les nombreux champs de betteraves que j'ai vus dans la plaine, et qui appartiennent à de gros comme à de petits cultivateurs, sont semés en lignes et tenus très-propres. M. de Bocarmé cultive habituellement une douzaine d'hectares de terre en betteraves, et ce sont deux énormes bœufs croisés durhams et vaches hollandaises, dont un a obtenu une prime à Bruxelles, qui font, depuis une couple d'années, le transport de toutes les betteraves, depuis les champs à la sucrerie ; la route est pavée et n'a pas la moindre montée. On a soin de ne charger les gros chariots à quatre roues, qui pèsent de 11 à 1,500 kilog. à vide, et quand il n'y a pas de terre après les roues, qu'à moitié ou aux deux tiers, suivant la difficulté qu'il y a de se rendre sur la route ; une fois là, on complète le chargement du chariot, qui arrive à peser de 4 à 5,000 kilog., son propre poids compris. Ce sont des vaches qui amènent à la route, dans un de ces tombereaux à trois roues si communs dans ce pays, les betteraves qui doivent compléter le chargement des chariots; on voit, par cela et presque à chaque chose, combien tout est prévu et bien calculé dans la culture de M. de Bocarmé.

Les actionnaires de cette sucrerie se sont réservé le droit de prendre les résidus à 5 fr. les 1,000 kilog.; je regarde cela comme un grand avantage pour un cultivateur. M. de Bocarmé en profite le plus qu'il peut, car il connaît, aussi bien que personne, la valeur du fumier; il nourrit donc le plus de bétail possible et en engraisse surtout beaucoup, car le fumier qui provient des bêtes d'engrais est le meilleur de tous, non-seulement parce qu'il provient d'une nourriture plus riche, mais encore parce que les bêtes en graisse ne donnant pas de lait et ne grandissant pas ordinairement, parce qu'on engraisse le plus souvent des animaux qui ont fini leur croissance, elles rendent la plus grande partie des phosphates de chaux qu'elles ont trouvés dans leur nourriture, et qui, par conséquent, se retrouvent dans le fumier. Il a en ce moment (commencement d'octobre) plus de cent grosses bêtes dans sa ferme, qui n'a que 70 hectares; il a toujours de huit à dix bœufs de travail et de six à huit chevaux : le reste se compose de vaches à lait, d'élèves et de bêtes à l'engrais. On donne à une bête à l'engrais, ou bien aux bœufs de travail, jusqu'à un demi-hectolitre de résidus de betteraves; on y ajoute un quart du poids de la ration en drêche, résidus de brasserie, ensuite du tourteau, qui se trouve être un mélange de moitié tourteau de lin, un quart de tourteau d'œillette, et le reste en tourteau de colza.

Les cinquante bêtes en graisse sont plus ou moins avancées dans leur engraissement; leur nourriture n'est donc pas tout à fait pareille. M. de Bocarmé fait germer, comme les Anglais, de l'orge qu'il fait ensuite sécher sur une touraille; puis il la fait moudre, ainsi que tous les grains qui entrent dans la consommation de ses animaux. On fait le mélange suivant dans ce moment : un seizième d'orge germée, deux seizièmes de seigle, trois seizièmes de pois, deux seizièmes d'avoine; on fait moudre tout cela ensemble.

Des glands desséchés sur la touraille et moulus à part un seizième, des faînes de hêtre aussi desséchées et moulues un seizième, un mélange de deux tiers de tourteau d'œillette et d'un tiers de tourteau de colza, dont on prend aussi un seizième; on ajoute, pour les bêtes les plus avancées, une petite quantité de graine de lin moulue et bouillie à grande eau, pour arroser le tout. Le fourrage, foin ou paille, est coupé. La moyenne du poids de la nourriture composée que consomme une bête en graisse est d'environ 50 kilog.; la dépense moyenne occasionnée pour l'engraissement d'un animal est d'environ 90 centimes dans les commencements de l'engrais et va en augmentant jusqu'à 1 fr. 20 c. vers la fin. La drêche vaut 1 fr. 50 c. l'hectolitre. M. de Bocarmé a donné déjà depuis longtemps à ses vaches un taureau durham, et il est fort satisfait des résultats, tant pour le produit en lait des vaches provenant de ce croisement que pour le travail que lui donnent ses bœufs, qu'il commence à faire travailler dès l'âge de deux ans, lorsqu'ils sont assez forts et grands pour cela, ce qui arrive habituellement; il fait aussi travailler les génisses et les vaches pleines jusqu'à leur sixième mois de gestation, ou les attelle, comme les bœufs, avec des colliers.

En été, on leur donne un demi-hectolitre de résidus de betteraves avec du trèfle ou de la luzerne; les bœufs reçoivent, en outre, 2 litres d'avoine concassée, et cette provende est doublée lorsqu'ils travaillent très-fort, comme lors des semailles, où ils sont employés du jour à la nuit, n'ayant qu'une heure et demie pour dîner. On met, pour dix bêtes, 16 litres du mélange de farine cité plus haut, dans l'eau qui leur sert de boisson. Les sept ou huit chevaux reçoivent autant de farine mélangée pour mettre dans leur boisson que les bœufs de travail. Lorsqu'on voit qu'un animal maigrit, on lui donne un tourteau de graine de lin.

Pendant l'hiver, on remplace le vert par 5 kilog. de foin. Quand un bœuf est malade, on le remplace par une vache. Les vaches font les hersages, les approches de fourrage vert, etc. On emploie les taureaux de manière à les empêcher de trop engraisser. Les trèfles semés cette année sur seigle, et qui ont reçu soit de la chaux mêlée avec de la suie, ou bien avec sept ou huit chariots de cendres de charbon de terre, ou qui ont été arrosés avec des jus de fumier dans lesquels on a fait dissoudre six cents tourteaux, sont d'une beauté extraordinaire; ils donnent ce que nous nommons des pleines coupes. Comme il fait très-beau, il y a des personnes qui les fanent, quoique nous soyons au 9 d'octobre. On les met, lorsqu'ils sont à moitié secs, en meulons pour la nuit, qu'on recouvre avec de la paille qui se trouve liée près des épis, et on les répand une fois la rosée enlevée. Les trèfles qui ont été semés sur avoine ne peuvent se faucher; mais on dit qu'ils craignent moins les hivers froids.

J'ai vu dans ce pays une espèce de herse d'une forme de carré long, dont on se sert, je crois, principalement pour rasseoir les terres trop soulevées, en la traînant par-dessus, les dents tournées en arrière; je pense que c'est un instrument fort simple, très-bon marché et utile à importer : on le nomme, je crois, un griffon.

On voit beaucoup de trèfles incarnats, et parmi eux un peu de navets qui y passent l'hiver et qui servent à fixer la neige sur ces champs; on les arrache au printemps, lorsqu'ils montent en fleur, pour être consommés par les vaches.

M. de Bocarmé a commencé à drainer ses terres, il y a déjà plusieurs années. Il le faisait d'abord avec des pierres qu'il était obligé d'envoyer chercher à près de 2 lieues, puis il a fait faire à la main de petites faîtières ou tuiles bombées qu'il met sur une tuile plate; mais elles lui coûtent, les deux espèces réunies, 42 fr. le mille, et encore n'ont-elles que de 28 à 50 centim. de long. Je l'ai engagé à presser le ministre, M. Rogier, à demander en Angleterre une petite machine à faire des tuyaux, qui a remporté, en 1847, le grand prix de la Société royale d'agriculture d'Angleterre, comme étant très-bonne et en même temps la moins chère. Son prix est de 500 fr., prise à Bedford, chez MM. Sanders et Taylor; et celle qui avait remporté, en 1848, le premier prix de la même Société, qui a été inventée par Whitehead, est extrêmement solide, étant tout en fer. Un homme peut la faire tourner toute la journée, et emploiera trois ou quatre enfants à placer les tuyaux; elle en fait sept à la fois, du diamètre de 1 pouce, ou bien cinq du diamètre de 2 pouces anglais. Son prix est de 575 fr., à quoi il faut ajouter le prix des différents moules nécessaires. On peut faire, avec elle, des tuyaux de toutes dimensions, jusqu'à 30 centim. de diamètre.

La première pourrait être destinée aux propriétaires ou fermiers qui ne voudraient des tuyaux que pour leur consommation, et la seconde aux tuiliers ou potiers qui entreprendraient cette fabrication en grand pour le commerce. Je viens de recevoir une lettre de M. le comte de Bocarmé, qui me mande que le ministre vient d'ordonner l'importation de ces deux machines en Belgique. Il serait bien à désirer que notre ministre de l'agriculture voulût bien suivre ce bon exemple, car il rendrait un immense service en facilitant des essais de drainage dont l'exemple suffirait pour répandre dans notre pays cette première de toutes les améliorations, lorsqu'il s'agit d'un terrain à sous-sol imperméable. Il y avait déjà 14 hectares d'assainis sur les 70 que M. de Bocarmé fait valoir, et dont beaucoup n'ont pas besoin de l'être. Il m'a dit qu'il avait maintenant des récoltes aussi belles, sur ses terres des deuxième et troisième classes qu'il avait pu drainer, que sur celles de première qui n'en avaient pas besoin; aussi n'attend-il que l'arrivée de la petite machine à faire des tuyaux, pour la faire copier et pour fabriquer des tuyaux chez lui, afin de drainer toutes ses terres humides et de les rendre, par ce moyen, pareilles aux meilleures du pays.

M. de Bocarmé a 10 hectares de prés, dont une partie se louerait 250 fr. par hectare. On peut y récolter, sur la première coupe, de 5 à 6,000 kilog. de foin, et avoir encore un fort beau regain qui produit environ les deux tiers de la première récolte; une partie de ces prés peut être complétement inondée en hiver avec les eaux provenant de villages et de terres très-fertiles. Ils sont très-plats et ont été entourés de levées faites avec les rejets de deux fossés assez larges : elles servent en même temps de clôtures, sur lesquelles on a planté des blancs de Hollande et des Peupliers du Canada, et conservent les eaux limoneuses dont on les inonde dans la saison pluvieuse. Une fois qu'elles ont déposé et qu'elles se sont éclaircies, on les fait écouler ; cela améliore singulièrement ces prés. Partout où ces eaux d'hiver forment des dépôts ou bouchent des fossés et ruisseaux, il s'empare de ces vases, qu'on mélange d'abord avec de la chaux, puis avec du fumier ; ces composts servent à améliorer les prés moins fertiles. Il se trouvait parmi ces prés des marais souvent très-profonds ou tourbeux, ou enfin des aunaies. M. de Bocarmé a fait remplir ces fondrières, qui avaient quelquefois de 6 à 8 pieds de profondeur, avec des terres prises dans les parties élevées des prés, dont il avait d'abord fait mettre la couche supérieure en tas, afin de la remettre ensuite en place. Ce travail a coûté jusqu'à 1,500 fr. par hectare dans certaines parties ; mais il a transformé ainsi un terrain inutile, sinon nuisible, en prés qui bientôt pourront se louer de 200 à 250 fr. l'hectare.

M. de Bocarmé a une machine à battre qui est mise en mouvement par un manége auquel il attelle quatre bœufs qui marchent bon pas : elle bat 25 hectol. de froment par jour de dix heures. Ledit manége fait aussi tourner, quand on ne bat pas, une paire de meules de 3 pieds 1/2 de diamètre, avec lesquelles il fait moudre, en une demi-journée, 7 hectol. du mélange de grains dont j'ai parlé plus haut, et qui est destiné à la nourriture du bétail. Ce moulin, qui a des meules de la Ferté-sous-Jouarre, lui a coûté environ 900 fr. Il y a, à côté de celui-ci, un petit moulin en pierres bleues d'Allemagne, qui sert à moudre de la farine destinée à faire du pain pour les habitants de la maison et ceux de la ferme : il l'a acheté de hasard à Gand ; il ne lui revient qu'à environ 200 fr. Ce manége sert aussi à faire tourner le hache-paille et la machine à concasser les tourteaux. Il existe dans ses basses-cours plusieurs grandes purinières qui lui fournissent d'excellents engrais pour venir au secours des parties de champs de blés qui

ne sont pas aussi beaux que le reste ; ces engrais liquides lui
assurent aussi de beaux navets d'éteule. Les eaux de fumier
surabondantes sont conduites dans deux vergers qui lui servent pour élever ses poulains et ses veaux : ils étaient fort in-
grats avant qu'il n'y eût amené ces eaux de fumier, et maintenant ce sont de riches pâtures. Il n'a pu faire arriver ces
eaux dans un des deux vergers que par un canal souterrain
de 3 mètres de profondeur. Il établit dessus une pompe portative, avec laquelle on remplit des cuvettes, posées sur des
brouettes, au moyen desquelles on transporte ces eaux fertilisantes dans toutes les parties des vergers, qui sont arrosées
avec des pelles.

M. de Bocarmé a de belles serres et beaucoup de bâches à
ananas qu'il cultive fort en grand. Ses serres sont chauffées
au moyen de gros tuyaux en fonte, dans lesquels circule l'eau
chaude, qui, lorsqu'elle est refroidie, retourne dans la chau-
dière, où elle s'échauffe par la vapeur d'un générateur, faisant en même temps cuire, en quarante-cinq minutes, les
racines destinées à la nourriture du bétail et des cochons. Il
y a, dans la cuisine de la ferme, une excellente pompe qui
élève l'eau dans un réservoir, d'où elle se rend dans les différentes parties de la ferme où elle est nécessaire.

Ses deux maîtres valets, dont l'un dirige la main-d'œuvre
et l'autre l'intérieur de la ferme, méritent assez sa confiance,
et sont assez habiles pour être chargés de l'achat du bétail
qu'on engraisse. Il s'était réservé, dès le début, cette besogne ; mais elle exigeait de nombreuses absences qui nuisaient à la direction de l'ensemble de ses affaires, et il se
trouve fort bien d'avoir habitué ces deux hommes à cette affaire si essentielle dans une grande ferme. Celui des deux
qui dirige la basse-cour a appris de même à diriger les mou-
lins, et il s'en tire fort bien ; il entend parfaitement l'engraissement et l'élève du bétail. Ces deux hommes fort intelligents ont été choisis, par M. de Bocarmé, parmi les sim-
ples journaliers ; ils ne gagnent que 200 fr. Le premier charretier n'est pas nourri ; il gagne 1 fr. par jour et a un pour-

boire de 20 fr. : c'est lui qui sème et dirige les travaux des attelages.

Comme l'exploitation de M. de Bocarmé a eu beaucoup à souffrir de la maladie du bétail qui est si commune dans le Nord et qu'on nomme péripneumonie, il a établi une espèce d'ambulance hors de la basse-cour, où il fait mettre tout animal qui se trouve avoir le flanc agité ou la fièvre. Aucun des domestiques de la ferme ne doit jamais pénétrer dans cette étable ; c'est le garçon jardinier qui est chargé de soigner les animaux malades. Afin d'éviter la contagion, tous les ustensiles, tels que seaux, etc., employés dans l'infirmerie, ne servent jamais ailleurs. Il n'achète plus d'animaux en foire, et les fait chercher chez les cultivateurs de son voisinage où l'on sait que la maladie n'existe pas ; il n'a plus éprouvé de pertes depuis qu'il a adopté ces sages précautions.

Les laboureurs et autres employés de la ferme sont des journaliers qui ne sont pas nourris ; ils gagnent de 90 cent. à 1 fr., suivant les saisons. Les femmes de journée ont de 50 à 60 c. ; lorsqu'elles bêchent, on leur donne 10 c. de plus. Les servantes qui sont nourries gagnent 12 fr. par mois et 10 fr. de pièce ; la femme de charge, 200 fr.

Ses douze vaches laitières ont, dans l'année 1847, donné 1,577 1/2 livres de beurre ; cela me paraît être un faible produit.

On ne conserve maintenant dans la basse-cour que cent poules, car on s'est aperçu que, lorsqu'il y en avait davantage, elles se nuisaient. On ne les conserve que jusqu'à leur quatrième année, et, pour les connaître, on les marque de la manière suivante. On fait rougir un ciseau de menuisier, et l'on coupe ainsi le bout de l'aile gauche d'une poulette âgée d'un an, jusqu'à la deuxième ou troisième plume ; l'année suivante, on coupe le bout de l'aile droite aux poulettes de l'année : cela fait qu'on sait que les poules mutilées à gauche sont dans leur troisième année, et celles à droite dans leur seconde, et enfin que celles à qui on a enlevé les deux bouts d'aile se trouvent dans leur quatrième année. On ne

marque les poules qu'après leur mue, et alors on a le soin
de couper le bout de la queue à celles qui, étant arrivées à
leur quatrième année, doivent être tuées ou vendues dans le
courant de l'année.

On a vendu, dans les deux dernières années, pour 798 fr.
d'œufs ; ce qui fait, pour chaque année, 399 fr. J'ai oublié la
valeur des poules et poulets vendus. M. de Bocarmé a imaginé de faire une houe à cheval attelée d'un seul cheval, et qui
sarcle cependant trois rangs de betteraves à la fois : elle est
composée d'un bâti en fer qui est monté sur quatre roues en
fonte. M. Decrombecq, qui cultive de 100 à 120 hectares de
betteraves tous les ans, l'ayant aperçue chez M. de Bocarmé,
qu'il était allé visiter sur sa réputation d'excellent cultivateur,
l'a adoptée de suite, et s'en trouve à merveille, après y avoir
apporté quelques modifications. Le sieur Morel, mécanicien
à Lens (Pas-de-Calais), établit cet instrument, que tout bon
cultivateur devrait avoir, pour 150 fr. ; il est tout en fer.

M. de Bocarmé sème son replant de colza vers le 15 de
juillet, sur une terre fertile et très-bien fumée. Il faut qu'il
soit clair afin d'être bon ; il ne doit produire du replant que
pour quatre fois autant de terrain qu'il en occupe en pépinière. On désire qu'il soit un peu rouge ; et, s'il était encore
vert lors du 15 septembre, époque où on commence à le repiquer, on l'arrache un peu de temps avant de le replanter,
afin de le laisser faner. On ne paye, à Bury et dans les environs, que 16 ou 17 francs pour repiquer une étendue de
133 ares.

On ne fête, dans les environs de Bury, que cinq ou six
jours dans l'année en sus des dimanches. Les journaliers
qui ont leurs attelages à soigner reçoivent une demi-journée,
et ceux qui sont attachés aux étables reçoivent trois quarts de
jour. Voici comme les terres sont assolées chez M. de Bocarmé :

Première année, trèfle qui a été semé sur un seigle : il a
toujours une demi-fumure au moment d'être retourné, ce
qu'on fait un mois ou six semaines avant l'époque des se-

mailles, afin que la terre ait le temps de se tasser, ce à quoi on contribue à coups de rouleau et force hersages avec le griffon ; deuxième année, froment ; troisième année, seigle sur lequel on sème des navets, pour lesquels on arrose une couple de fois avec du purin, ce qui emploie de 180 à 200 hectolitres ; quatrième année, avoine ; cinquième année, betteraves fumées à raison de 75 à 80 mètres cubes de bon fumier : on leur donne, en outre, de 180 à 200 hectol. de purin ; sixième année, froment ; septième année, seigle sur lequel on sème du trèfle, qui recommence l'assolement. On donne au trèfle, immédiatement après la moisson du seigle, de 60 à 100 hectol. de chaux mêlée avec des cendres de charbon de terre.

Deuxième année, froment ; troisième année, seigle ; quatrième année, fèves ; cinquième année, betteraves ; sixième année, froment ; septième année, seigle.

M. de Bocarmé tient une comptabilité très-détaillée et fort exacte. Il ouvre un compte à chaque bête achetée pour l'engrais, lui porte un prix moyen de dépense de nourriture établi suivant les prix des denrées. Dans cette année, il est résulté, d'un examen de ses livres que j'ai fait, qu'il avait du profit sur ses engrais, sans compter la valeur du fumier, qui, à elle seule, est un bénéfice satisfaisant. Il est bon de se souvenir qu'il a des résidus de betteraves et qu'il ne les paye que 5 fr. les 1,000 kilog.

Voici une copie de notes que j'ai trouvées dans ses livres ; il me semble qu'elles intéresseront, tout en faisant voir comment M. de Bocarmé se rend compte de ce qu'il fait, et combien il ressort d'instruction agricole de la lecture de pareilles notes. Il a un compte ouvert à chaque pièce.

1859. Trèfle dans un champ composé de 80 verges, dont 300 forment 1 hectare ; il a produit deux très-bonnes coupes : on lui a donné une demi-fumure composée de 38 mètres de fumier à l'hectare, pour le semer en froment blanc, qui a produit six cent vingt grosses gerbes, donnant 775 litres de froment ; troisième année, pommes de terre sur 75 mètres

de fumier, récolte passable : on a mis dessus, à la fin de l'année 1841, encore 75 mètres de fumier, après avoir défoncé la
terre avec la charrue à sous-sol, pour les betteraves à semer
au commencement de 1842 ; quatrième année, on a mis, en
février, 180 hectolitres de purin, et il y a eu une forte récolte de betteraves ; cinquième année, lin fin semé le 28 mars
par un temps sec et convenable : on avait mis, le 15 décembre, 180 hectolitres de purin sur la terre qui était couverte
de feuilles de betteraves, puis on avait labouré ; on avait défoncé à la bêche le sous-sol, toutes les deux raies, pour le
jeter sur le labour.

Ce lin a donné 1,728 kilogrammes de lin de bonne qualité,
mais un peu court ; il n'a donné que 1 hectolitre de graine et
a été vendu 768 francs, ce qui est à raison de 2,680 francs
par hectare.

On a semé, en récolte dérobée, des navets, qui ont donné
une fort belle récolte, qui a été terminée le 8 janvier 1844.

On a semé de suite ce champ en escourgeon ou orge d'hiver, par un temps passablement sec ; le lendemain on l'a ruchoté, c'est-à-dire on a creusé les raies (qui se trouvent entre
les planches et qui ont une largeur de 2 mètres 84 centim.)
avec la bêche, de manière à leur donner une profondeur de
35 et une largeur de 28 centimètres ; on a déposé la terre
qui en est sortie par petits tas formés par des demi-bêchées,
afin qu'ils puissent servir à abriter l'orge d'hiver et à arrêter
la neige sur la terre. Les feuilles de navets avaient été enter-
rées par un labour qui avait précédé la semaille de l'escourgeon ; la gelée arriva le lendemain. On arrosa ce champ, le
21 mars, avec du purin. La terre ayant eu plusieurs labours
et hersages en septembre 1844, on l'arrosa avec du purin et
on la sema, le 2 octobre 1844, avec du seigle qui fut ruchoté ;
cette récolte fut extraordinaire de beauté, mais versa en partie : elle produisit 840 grosses gerbes.

En 1845, de suite après la moisson du seigle, le trèfle, qui
avait été semé dedans, a reçu 60 hectolitres de chaux mêlés
à 20 de cendres de houille par hectare. Il produisit deux

bonnes récoltes. On le couvrit avec 20 mètres de fumier qui fut enterré ; on sema, le 9 octobre 1846, du froment blanc.

M. de Bocarmé fait faire, comme tout le monde en Belgique, les briques dont il a besoin, chez lui : elles lui reviennent, de cette manière, à 7 francs le mille en grosses briques. Un bon mouleur en fait de six à sept mille par jour : on lui paye 2 francs par mille ; mais il est obligé de faire gâcher sa terre et de la faire approcher : on lui trempe sa soupe et on lui donne 5 ou 6 litres de petite bière. S'il fait cuire les briques après les avoir fait sécher, il a de 2 francs 50 centimes à 3 francs par mille.

Le nommé Deblicqui, petit propriétaire qui s'est bâti tout récemment une fort belle maison de paysan à Bury, fait l'état de briquetier : il vend de grosses briques cuites à raison de 10 francs le mille en détail ; il en vend de crues, mais sèches, à 4 francs le mille. Il m'a dit que, si on avait besoin de lui en France pour faire des briques, cela même à une grande distance de l'autre côté de Paris, il y viendrait, et qu'il se chargerait de les faire pour 6 francs du mille, à condition qu'on logerait ses gens et qu'on leur donnerait de la boisson. On doit lui fournir une terre convenable, de l'eau, du sable, de la paille pour couvrir les briques lorsqu'elles sèchent, cela en cas de pluie, enfin le charbon de terre.

Je suis allé faire une visite à un M. Boel, brasseur et fermier, cultivant 87 hectares d'excellentes terres, à Peruwez, pendant que M. de Bocarmé était occupé. M. Boel m'a paru être un excellent cultivateur. Comme il a des terres fort humides, il y fait des drains de la façon suivante : il fait creuser entre deux planches un double ruchotage, c'est-à-dire une rigole profonde de 66 centimètres, dont il remplit le fond avec les débris de coke qui restent dans les cendres de houille, qu'il fait passer au tamis de fil de fer ; il les couvre de paille longue et puis bouche ces rigoles, auxquelles il a eu le soin de donner une pente convenable et une issue pour l'eau. Il m'a dit fumer ses terres tous les ans ; il met, tous les cinq ans, 100 hectolitres de chaux par hectare ; il les recouvre avec

25 hectolitres de cendres de charbon de terre ; on recouvre le tout de nettoyages de granges, mauvaises balles, etc., qui s'emparent d'une partie de ce que la chaux laisse évaporer en s'éteignant.

Il sème son trèfle sur le seigle, lui donne, après que celui-ci a été enlevé, de la chaux mêlée d'un quart de cendres, ou bien 240 hectolitres de purin, et, s'il manque de purin, il le remplace par du jus de fumier, dans lequel il a fait dissoudre 600 tourteaux de colza, qui pèsent environ 500 kilogrammes ; il met 50 mètres cubes de fumier par hectare sur le trèfle au moment de le retourner, ce qui se fait un mois ou six semaines avant de semer le froment. Il sème du froment après des choux caulets qui ont été repiqués sur de l'escourgeon ; il met une vingtaine de mètres de fumier de plus que pour le froment après trèfle. Ses choux caulets sont superbes ; mais ils ont reçu du purin au moment d'être repiqués, après l'escourgeon enlevé, et une seconde application de purin quelque temps après, lorsqu'il faisait sec.

Il met 250 hectol. de vidanges amenées de Tournai, qui est à 20 ou 25 kilom. de chez lui, pour fumer 1 hectare destiné aux betteraves, et il assure qu'elles viennent ainsi bien mieux qu'après une forte fumure.

Il fait arroser ses colzas, quand ils viennent d'être repiqués et avant de les avoir fait ruchoter, avec 250 hectol. de purin ; il faut un fort ouvrier pour répandre cet engrais à la pelle dans un jour ; on l'amène dans des tonnes qui contiennent de 8 à 9 hectol. ; elles sont placées sur des tombereaux à trois roues, dont celle de devant est faite pour tourner dessous.

Cet homme ne quitte pas le champ : on lui amène la tonne pleine, traînée par un cheval, et l'on remmène celle qu'il vient de vider ; pendant ce temps, deux hommes ont rempli, au moyen de deux seaux, la troisième tonne, qui est placée auprès de la citerne. Celui qui jette le purin sur le colza fait avancer, de temps en temps, le cheval, pour pouvoir arroser une nouvelle partie du champ ; celui-ci marche dans une raie entre deux planches, et les deux plus grandes roues du tombereau passent sur le colza, qui, n'étant pas encore bien repris, n'en souffre pas ; on fait de même pour arroser les betteraves ou navets, cela avant qu'ils ne soient assez gros pour que les roues puissent les abîmer.

M. de Bocarmé sème ses betteraves, ses navets et ses grains au semoir ; il emploie 150 litres de grains d'hiver dans la première quinzaine d'octobre, et va en augmentant, plus il sème tard en automne.

J'ai quitté bien à regret l'excellente et bien aimable famille qui habite le château de Bury, qui m'a comblé de bontés et me traitait comme un ancien ami. M. de Bocarmé s'est donné beaucoup de peine pour trouver des familles de bons ouvriers qui voulussent venir se fixer en Berry, chez M. Lupin, au château de Lauroi, qui construit là des logements de journaliers, dont il manque lors des forts ouvrages, et pour avoir des gens qui, connaissant la bonne culture, puissent servir d'exemple aux ouvriers berrychons, qui, sous ce rapport, sont encore fort arriérés.

J'ai quitté Bury le 12 octobre, à dix heures du matin, dans la diligence qui allait alors de Mons à Tournai, mais qui doit être tombée maintenant qu'on peut se rendre d'une de ces villes à l'autre en chemin de fer, en passant par Ath et Leuze.

J'étais dans le coupé, avec un M. Brocquet, dont un des frères cultive une ferme considérable dans ces terres de bruyères, qu'on trouve en se rendant de Frasne à Lessine. Je lui ai expliqué le moyen qui a été découvert en Touraine, il y a environ six ans, de faire venir deux fort belles récoltes de froment de suite, une de colza ou de vesces fourrages, l'une et l'autre fort considérables, enfin une d'avoine, en mélangeant avec chacune de ces semences une partie de 12 hectolitres de noir animal, résidus de raffineries de sucre. La somme nécessaire pour acquérir l'engrais des quatre récoltes ne dépassant pas 100 fr., cela sur une terre de bruyère de peu de valeur, à laquelle il faudrait, pour produire une récolte de froment et d'avoine, de 60 à 80 mètres cubes de fumier, qu'on ne trouve pas ordinairement à acheter à portée des bruyères, et dont le prix serait de 3 à 400 francs, tout en donnant de moins belles récoltes que celles produites par le noir. J'ai oublié de dire que j'avais remis au président du conseil supérieur d'agriculture, à Bruxelles, la notice publiée par M. Chambardel, dans l'intention de faire connaître cette découverte si utile, qu'il a imitée et perfectionnée. M. Brocquet m'a fait voir de loin un superbe four à chaux récemment construit par lui auprès de Tournai; ce four à chaux a coûté une dizaine de 1,000 fr. Il m'a dit que la fameuse chaux hydraulique de ce pays se vendait 80 centimes l'hectolitre, et que la chaux grasse, qui est employée en immense quantité comme amendement des terres, se paye 10 centimes de plus. Ce monsieur a un autre frère, qui a établi l'éclairage au gaz à Tournai. Il donne maintenant les eaux ammoniacales de gaz pour rien aux cultivateurs des environs qui veulent en prendre; il fait cela afin de faire connaître leur mérite fertilisant, espérant que, par la suite, il parviendra à les vendre.

A mesure qu'on se rapproche de Tournai et ensuite de Courtrai, on voit que la culture se perfectionne toujours davantage. J'ai pris le chemin de fer de Tournai à Courtrai, où j'ai eu quelques heures à passer pour attendre le départ d'un convoi du chemin de fer, nouvellement ouvert, qui va de Courtrai à Bruges, en passant par Roulers et Thourout. Je me suis trouvé, dans le waggon de Tournai à Courtrai, à côté d'un négociant en toiles qui demeure à Ath. Il m'a dit qu'il recevait maintenant beaucoup de demandes de toiles filées à la main, parce qu'on reconnaissait chaque jour davantage que celles faites avec du fil à la mécanique n'étaient pas d'un bon usage; que la différence de prix était de 20 à 30 centimes par mètre de plus pour celles filées à la main, et qu'on avait de très-bonnes serviettes ouvrées à 1 fr. 25 ou 30 centimes la pièce, mais qu'il fallait les commander d'avance pour être sûr d'avoir un bon choix.

Après avoir écrit des lettres et des notes, et fort mal dîné dans une auberge au bout du faubourg de Tournai à Courtrai, où j'étais allé, espérant obtenir de l'hôte l'adresse de quelques bons cultivateurs près de là, il me proposa de me conduire chez un fermier qui demeurait près de chez lui, et qu'il m'assura être un cultivateur distingué. Nous nous rendîmes donc chez madame Vanderplancke, dont le fils, beau jeune homme d'une trentaine d'années, dirige la culture d'une ferme d'une trentaine d'hectares. Il parle fort bien le français, et j'ai vu depuis, par plusieurs lettres que j'ai reçues de lui, en réponse aux miennes, qu'il l'écrivait à merveille. Il m'a paru fort capable et instruit, et j'ai été si content de ce qu'il m'a dit et de ce que j'ai pu voir chez lui dans le peu de temps qui me restait avant le départ du convoi, cela par un temps pluvieux, que je lui ai envoyé de Bruges, où je suis allé coucher, un numéro de mon dernier voyage agricole en Angleterre et une lettre de quatre pages, pour le questionner sur beaucoup de choses, ce que je n'avais pas eu le temps de faire de vive voix, et aussi pour le prier de me procurer de bons laboureurs flamands pour M. Lupin. Sa culture m'a paru encore bien plus soignée que celle des environs de Bury. Il y avait cinq hommes de journée occupés à ruchoter, à environ 42 centim. de profondeur à angle droit, c'est-à-dire que la rigole produite par ce travail se trouve aussi large dans le fond qu'à son ouverture, qui a 33 centim. Le prix de la journée est de 1 fr. 20 c. Il m'a dit que, dans un champ voisin, où la terre se laisse aller, le ruchotage doit avoir la forme d'un V. Il faut huit hommes pour ruchoter ce qu'une charrue fait en un jour. Il m'a dit employer du guano, depuis trois ans, avec un grand succès. Il a mis dans un champ pour le même prix de tourteaux, ensuite de cendres de Hollande et enfin de guano ; celui-ci a dépassé beaucoup en produit les tourteaux, et ceux-ci les cendres.

Ses colzas sont placés en lignes transversales sur les planches, qui sont séparées par 25 centim., et on les met à 12 les uns des autres dans la ligne. Ceux qu'on plantait étaient fort petits ; on attend qu'ils aient bien poussé pour les ruchoter. Celui que j'ai vu faire était pour de l'escourgeon, qui venait d'être semé, enterré à la herse, roulé; enfin la planche était recouverte par la terre qui provenait de ce fort ruchotage. Il se sert principalement de la charrue wallonne à tourne-oreilles, comme tous les habitants de cette partie de la Flandre et du Hainaut; je la trouve bien inférieure à la charrue de Brabant, surtout pour les terres qui sont à sous-sol imperméable, car, pour les terres naturellement saines ou celles qui ont été drainées, les meilleurs cultivateurs anglais ou écossais recommandent les charrues à versoir changeant, afin de ne laisser jamais une raie ouverte sur un champ, car elle faciliterait à l'eau de pluie les moyens de s'écouler hors du champ, en emmenant les parties fertilisantes qu'elle a apportées avec elle de l'atmosphère, et celles dont elle s'est chargée dans ce parcours, cela tout en ravinant la surface du champ, pour peu qu'il ait une pente un peu décidée, tandis que, si elle est forcée de s'infiltrer en terre, elle y déposera ce qu'elle contient de parties fertilisantes.

La charrue à versoir changeant, la plus perfectionnée qui existe, est assurément celle qui a été inventée par M. Smith, de Deanston, qui est aussi l'inventeur du thouroug draining, ou assainissement complet des terres à sous-sol imperméable et, par conséquent, souffrant de l'humidité. Cette charrue a été améliorée par Wilky, d'Udingston, près de Glascow, et M. Laurent, de la rue Lancry, vient de rendre à la France le service de l'importer; elle pourra donc être dorénavant imitée, ou bien on pourra, si on le préfère, conserver les formes de la charrue qu'on a adoptée de préférence à d'autres, en lui appliquant le mode de la charrue de M. Smith, de Deanston, pour en faire une charrue à versoir changeant.

Une fois sorti de Courtrai, nous sommes passés, peu de temps après, par Roulers, Lychtervele et Thourout, en allant à Bruges. La première partie de ce voyage de deux heures en chemin de fer vous fait traverser une vraie culture maraîchère, tant celle des champs y est poussée à un haut degré de perfection. Après avoir dépassé Roulers, les terres qu'on voit paraissent beaucoup souffrir de l'humidité, et, du côté de Thourout, on voit un pays boisé peu fertile, et dont la culture est en arrière de celle qu'on vient de tant admirer.

J'ai infiniment regretté que le mauvais temps et l'époque avancée m'aient empêché de voir cette belle culture très en détail, et je me promets bien de la visiter dans la bonne saison, si rien ne s'y oppose.

J'ai vu dans ce voyage une quantité considérable de superbes choux caulets, ainsi qu'une immense étendue plantée en colza; on m'a dit qu'on payait le repiquage de ce dernier, dans les environs de Roulers, 15 fr. par hectare, et que maintenant on en plantait beaucoup plus, pour remplacer le lin, qui se vend mal.

Après avoir écrit mes lettres et mes notes fort avant dans la nuit et le matin, j'ai déjeuné et pris un fiacre qui m'a conduit à Sainte-Croix-lès-Bruges, au château de M. Goupy, de Beauvolers. Il était chez lui, et m'a reçu à bras ouverts. Nous avons visité sa belle plantation et parcouru son parc de 50 hectares, qu'il a planté en grande partie et dans lequel il a une petite culture pour s'amuser.

J'y ai vu trois vaches, dont une est une fort belle courtes-cornes de pure race, venue d'Angleterre, pleine du taureau qui a remporté, au concours de Bruxelles, le premier prix.

J'ai vu de fort beaux rutabagas et navets, des carottes énormes, et enfin de la seradella ou pied-d'oiseau de près de 1 mètre de long. Les terres sont un sable très-fin de couleur noire, contenant des parties tourbeuses, et le sous-sol est imperméable à 1 ou 2 mètres de profondeur, ce qui le rend froid. M. Goupy m'a assuré que la chaux n'y réussissait pas, ce que je ne puis concevoir, puisque le terrain me paraît acide; mais tout le monde est tellement persuadé que la chaux n'y vaut rien, que personne n'en essaye.

M. Goupy m'a conduit à environ 4 kilomètres de chez lui, dans une ferme lui appartenant, qui se nomme Sysseele, et dont le fermier, M. Verstate-Lyke, cultive environ 152 hectares de sables noirs de bruyère, ayant de 16 à 55 centimètres d'épaisseur, sur un mauvais sable rouge et ferrugineux, ou bien blanc et inerte.

Le bois taillis y vient assez bien. Sa culture est ainsi disposée : navets après seigle, 16 hectares; pommes de terre, 11 hect.; carottes, 2 hect.; betteraves, 1 hect.; spergule, 16 hect.; trèfle, 5 hect.; seigle, 52 hect.; froment, 9 hect.; avoine, 6 hect.; lin, de 4 à 5 hect.; sarrasin, de 3 à 4 hect.; herbages, 6 hect.; des genêts restant trois ans en terre, 4 hect.; jachère, 6 hect. : le reste est en taillis et en chemins.

Il a une distillerie de grains considérable et dans laquelle il emploie annuellement environ 4,000 hectol. de seigle, et de 12 à 1,500 hectol. d'orge; ce qui produit, chaque jour de l'année, 60 hectol. de résidus. On donne trois quarts d'hectolitre de cette boisson à chaque bête à l'engrais, lorsqu'il n'y a que peu de racines; mais, si les racines abondent, on ne donne que le demi-hectolitre. Cette nourriture fait produire beaucoup de lait aux vaches qui ne sont pas taries. Ce lait se transporte, en partie et deux fois par jour, à Bruges, qui est à 6 kilomètres de la ferme. Le reste est employé à faire du beurre, et le lait écrémé est donné à une quantité considérable de veaux qui sont fort maigres, tandis que les mères sont si grasses. On devrait ajouter, au lait écrémé qui sert de nourriture principale aux veaux, de la farine composée d'un tiers de graine de lin, un tiers de fèves ou pois, et un tiers d'orge ou d'avoine; alors ils ne seraient pas petits et chétifs. Les vaches sont achetées en Hollande, et principalement à Gorkum; elles sont généralement belles, mais il y en a parmi elles d'une grande beauté. On paye les belles génisses jusqu'à 300 fr., et les plus belles vaches de 4 à 450 fr. M. Verstate prend 15 francs de commission par bête qu'il ramène, pour les personnes qui lui demandent de leur en acheter. Son bétail se compose de quarante bêtes en graisse, une vingtaine de vaches laitières, quarante-quatre veaux, depuis un à quinze ou dix-huit mois, quarante cochons gros et petits, dix chevaux et cinq poulains, cent cinquante brebis et agneaux de la grande taille ; les brebis, étant grasses, arrivent au poids de 40 kilog., viande nette.

On met ici, au printemps, 150 hectol. de purin sur du seigle qui a reçu, avant d'être semé, 54 mètres de cet excellent fumier ; on met aussi, pour seigle, 350 kilog. de guano de Valparaiso, et, pour navets d'éteule, 250 kilog.

Sur quarante-deux vaches qu'on trayait quand j'ai visité cette ferme (car on trait aussi quelques-unes de celles qui sont en graisse), on m'a dit qu'un quart donnerait une moyenne de 25 litres, un autre quart 20, un autre 15, et les moins bonnes 12 litres. De bonnes vaches du canton de Fribourg donneraient plus de lait avec une pareille nourriture. Ce que j'ai vu de plus remarquable dans cette ferme, ce sont assurément les carottes blanches et jaunes à collets verts sortant de terre ; nous en avons arraché qui devaient encore profiter, et qui, sans les fanes, pesaient 1 kilog. 750 grammes. La plus belle disette ne pesait que 2 kilog. Je crois avoir remarqué, dans tout mon voyage de Belgique, que la carotte y réussit mieux, proportion gardée, mais cela surtout dans les terres légères, où je n'ai jamais trouvé de belles betteraves, et, au contraire, les plus belles carottes qu'on puisse désirer.

On nous a fait remarquer que, sur les planches de navets qui avaient reçu du guano à raison de 250 kilog., les navets étaient quatre fois aussi gros que sur les planches voisines qui n'en avaient pas reçu. Nous avons pesé le plus gros navet venu avec du guano ; son poids, sans les feuilles, était de 2 kilog., et le plus gros navet, sans guano, aussi effeuillé, n'est arrivé qu'à un demi-kilog.

On m'a dit qu'on livrait souvent au boucher de ces superbes vaches hollandaises parfaitement grasses et donnant encore 10 litres de lait. Ce fermier, qui fait un commerce de charbon de terre et de chaux, vend aussi du guano de Valparaiso ; il est de couleur ventre de biche, c'est-à-dire moins rouge que celui du Pérou ; il était bien pur et se vendait 27 fr. les 100 kilog., comme à Bruxelles. M. Verstate en avait pris, avec un de ses amis, une cargaison entière à Anvers. On a,

dans ce pays , une excellente charrue pour terres légères ;
c'est un brabant. Les citernes de la vacherie ont 33 mètres de
long sur 3 mètres de profondeur et 9 mètres de large; aussi
donne-t-on du purin à toutes les récoltes qui ne sont pas assez
vigoureuses.

Nous avons été faire, M. Goupy et moi, une visite à M. de
Bocarmé, frère cadet de celui de chez qui je venais; il habite
un fort beau château, qui est entouré de la plus belle futaie
qu'on puisse voir. Il était sorti, mais nous avons été reçus
par madame. M. de Bocarmé est venu me rendre ma visite le
lendemain : il voulait nous avoir à dîner; mais, comme nous
devions faire des excursions agricoles, j'ai eu le regret d'être
obligé de le remercier.

M. Bocarmé m'a dit qu'il cultive aussi, et qu'il employait
le guano avec le plus grand succès : on commence, dans ce
pays, à bien apprécier cet excellent engrais, qui n'a besoin
que d'être essayé dans un canton pour bientôt y faire son
chemin, pourvu qu'on l'ait acquis de première main, c'est-à-
dire dans les grands dépôts que la seule maison anglaise qui
ait obtenu du gouvernement péruvien le droit d'en exporter
a établis dans différents ports du continent; ceux que je con-
nais existent à Bordeaux, à Nantes, *maison Maes;* au Havre,
maison Quesnel frères, et à Anvers ; je crois qu'il doit en
exister aussi un à Marseille. Je sais que les maisons que j'in-
dique au Havre et à Nantes en fournissent, depuis cinq ou six
ans, à des personnes de ma connaissance, qui est excellent,
sans aucun mélange et provenant du Pérou ; seulement la
maison du Havre le fait payer 280 fr. les 1,000 kilog., tandis
que la maison de Nantes le vend 250 fr. : j'ai des échantillons
du guano fourni par ces deux maisons, et ils sont bien pareils.
Je sais aussi qu'un de mes amis, qui avait commencé par s'a-
dresser à un commissionnaire à Nantes, a eu 12,000 kilog.
d'un guano naturel, mais provenant d'un climat pluvieux,
guano qui, en Angleterre, eût été vendu 150 fr. les 1,000 kil.,
qu'il a été obligé de payer 250 fr. ; il s'est adressé, aussitôt
après la réception de ce mauvais guano, à la maison Maes, et

en a obtenu du guano du Pérou, bien naturel et bien sec, aussi à 250 fr., dont il a été si content, que, l'année suivante, il lui en a demandé 30,000 kilog.; cette année, elle vient de lui en fournir 60,000 kilog., car ses cultures comprennent 600 hectares. Cet engrais, qui est le meilleur marché de tous ceux qu'on peut acheter, excepté le noir animal, qui, au reste, ne convient qu'aux terres nouvellement défrichées et acides; le guano du Pérou, dis-je, convient à toutes les espèces de terres, et il en faut une si petite quantité, qu'il est permis à tous les cultivateurs, même ceux qui sont le plus éloignés des ports où on le trouve, d'en faire venir, sans que, pour cela, il ne leur soit pas très-profitable. Dans la Grande-Bretagne, où l'on en emploie, chaque année, pour plus de 30 millions de francs, on en met dans les terres qui ne sont pas très-fortes et qui se trouvent, quoiqu'en bon état, avoir cependant besoin d'un engrais pour produire une récolte abondante de froment ou d'autres céréales; on en met 250 kilog. par hectare, et on va jusqu'à 400 kilog., suivant que la terre est moins bonne ou devient très-forte. Pour les racines et les prés, on en met depuis 500 jusqu'à 1,000 kilog., et l'on peut même arriver à 1,200 kilog., surtout dans les terres fortes; mais en en mettant davantage on n'en a pas éprouvé de bénéfice: plus on en met, plus son effet est durable, c'est comme le fumier. Quand on en met une forte dose, il dure trois ans; mais deux fumures de chacune 400 kilog. de guano coûteront 200 fr., tandis qu'une fumure de 50 mètres cubes de fumier, qui, le plus habituellement, vaut 5 fr. le mètre, coûtera 250 fr., sans compter le port, qui coûtera infiniment plus cher que celui du guano, quand même on le prendrait chez son voisin; mais encore la fumure indiquée sera loin de produire autant que les deux fumures de guano, tout en ne durant pas aussi longtemps.

Le lendemain, M. Goupy eut la complaisance de me conduire chez M. Peers, à Ostcamp. Ce monsieur est jeune, est très-zélé pour les améliorations agricoles et fait tout ce qu'il peut pour en répandre le goût en en donnant l'exemple. Il

a deux jolis taureaux courtes-cornes, dix vaches et autant d'é-
lèves de pure race ; il élève autant de veaux que sa petite culture le lui permet ; il a introduit chez lui la culture en lignes
des rutabagas, qu'on repique après une récolte de trèfle incarnat, de vesces ou même d'orge d'hiver, et celle des navets
qui viennent après le seigle, au lieu de les semer à la volée,
comme c'est l'usage du pays. Il a des cochons anglo-chinois,
de belle race, qu'il renferme dans un hangar qui couvre son
fumier ; il dit que ces animaux l'améliorent en le fouillant
pour y chercher les vers ou le peu de grain qui peut être resté
dans les litières. Il a acheté les plus belles juments de travail
qu'il ait pu trouver, pour leur donner un étalon demi-sang,
avec lesquels il a obtenu plusieurs poulains âgés maintenant
de trois ans, qui promettent beaucoup. Il a établi une machine
à battre, dont le manége sert aussi à faire tourner un moulin
qui moud tous les grains consommés par les animaux de sa
ferme. Il a une pièce où se trouvent des compartiments contenant de la farine de tourteaux de lin, des farines d'orge, de
seigle et d'avoine. Il fait un mélange de ces farines, dont
2 kilog. sont employés dans la boisson de chaque vache. Son
manége fait aussi tourner le hache-paille, qui coupe toute espèce de fourrage consommé dans la ferme.

Il achète par an de 5 à 6,000 kilog. de guano, qu'il paye,
pris à Anvers, 270 fr. la tonne ; il en met de 250 à 300 kilog.
par hectare pour les grains, et en est très-content. Il fait
travailler ses deux taureaux durhams pour les empêcher de
devenir trop gras ; je les ai vus attelés à une charrue et la-
bourant très-facilement les terres excessivement légères de ce
pays : on ne leur demande qu'une demi-journée de travail.
M. Peers vend les veaux mâles de pure race, âgés de deux mois,
80 fr. Il m'a dit qu'il vendrait ses vaches durhams, qui sont
venues d'Angleterre et qui sont âgées de six à huit ans, pour
3 ou 400 fr. la pièce ; il en a deux qui donnent pendant deux
mois jusqu'à 28 litres de lait : il dit qu'il avait eu d'abord de
belles vaches de pays, puis des hollandaises, et enfin des
durhams, et qu'aucune des précédentes n'était arrivée à don-

ner 28 litres de lait. M. Peers nous a dit que la province de la Flandre occidentale, dont Bruges est le chéf-lieu, et qui a une population de six cent quarante-deux mille âmes, s'est engagée à fournir, pendant dix ans, une somme annuelle de 10,000 fr., destinée à l'acquisition et à l'importation de bêtes de l'espèce courtes-cornes ; le gouvernement ajoute la même somme, afin d'aider, autant que possible, à l'amélioration de la race bovine du pays. Ce que j'ai vu, jusqu'à cette heure, des résultats de cette importation du plus beau bétail qui existe me fait craindre que la race pure des courtes-cornes ait bien de la peine à se conserver sur le continent, non pas que la chose ne soit très-faisable, mais parce que je remarque partout la même parcimonie dans la nourriture et les soins employés à la production du jeune bétail; comme il ne produit pas immédiatement, on est avare pour lui, cela même dans les pays dont le sol est le plus riche. Nos meilleurs cultivateurs, qui nourrissent abondamment et convenablement leurs bêtes à l'engrais, leurs vaches laitières ou leurs animaux de trait, ne fournissent pas à leurs élèves des différentes espèces la quantité ni la qualité de nourriture qui leur sont nécessaires pour arriver promptement à leur taille et à un état de chair et de graisse qui permette de les livrer très-jeunes à la reproduction ou bien à la boucherie.

En Angleterre, il en est tout autrement : on nourrit le mieux possible le jeune bétail; cela à tel point qu'on tue avant l'âge de quatre ans la plus grande partie des bœufs, qui arrivent, malgré cette grande précocité, à des poids fort considérables; mais les meilleurs cultivateurs, ceux qui calculent le mieux leurs intérêts, livrent à la boucherie des animaux parfaitement gras à l'âge de trente ou trente-six mois; et, en fait de moutons, des bêtes âgées d'un an à quinze mois. Ces animaux si précoces, quoiqu'ils aient mangé une excellente nourriture, ont dépensé bien moins, à poids égal, que ceux qui ont vécu fort longtemps avec une nourriture qui les empêchait de mourir de faim, mais qui ne leur permettait pas, ou du moins très-peu, de profiter, soit en taille, soit en chair.

Quant à la reproduction hâtive, que beaucoup de cultivateurs pourront blâmer, je vais leur citer quelque chose qui m'eût paru impossible, si l'éleveur de bêtes bovines le plus capable que nous ayons en France, du moins à ma connaissance, M. Massé, grand propriétaire près la Guerche, département du Cher, ne me l'eût assuré, en me faisant voir un des produits de ces accouplements si précoces, qu'il va employer comme taureau, quoiqu'il soit le fruit de l'union de deux veaux qui n'étaient âgés chacun que de six ou sept mois. Malgré le succès de cet exemple extraordinaire, on ne doit pas désirer que la reproduction entre des veaux ait lieu, car elle leur serait assurément nuisible; mais on pourra en tirer la conséquence que des génisses et de jeunes taureaux, qui, par une bonne nourriture, seront arrivés, en grande partie, à leur développement dès l'âge de quinze ou dix-huit mois, pourront être livrés avec avantage à la reproduction, sans se nuire et en produisant très-bien.

M. Peers est un des membres d'une commission qui a été chargée par le ministre d'organiser une colonie d'enfants malheureux, dans le genre de notre si utile établissement de Mettray. Il a contribué, ainsi que quelques uns de ses voisins, à faire connaître à M. Rogier, un des ministres, une terre composée de 126 hectares, contenant des bâtiments immenses, qui étaient destinés à former une sucrerie de betterave et une distillerie de genièvre : la société formée à cette occasion ayant manqué, ce superbe établissement est resté vacant pendant huit ou dix ans; il eût été probablement démoli, sans la démarche de ces messieurs. Quelques-uns des membres de cette commission devant se réunir sur les lieux le surlendemain, M. Peers eut la bonté de nous proposer de nous y conduire ce jour, ce que nous acceptâmes avec reconnaissance.

Après l'avoir remercié de son extrême complaisance à me faire voir et à m'expliquer son intéressante culture, nous prîmes congé de lui pour retourner à Sainte-Croix-lès-Bruges. J'oubliais de dire que les terres de M. Peers sont toujours de cette nature de sables doux et profonds qui couvrent une grande partie de ce pays, mais que leur couleur est plus claire.

Le lendemain, qui était un dimanche, nous nous rendîmes à la messe à Bruges, et de là dans la ferme de Metkerque, à 4 kilomètres de cette ville, sur la route d'Ostende. M. Vanderberg, qui en est le fermier, était à la messe, ainsi que toute sa famille et les domestiques; mais ils ne tardèrent pas à revenir. J'eus du plaisir à causer avec ce fermier, qui parle bien le français, et qui m'a paru être un homme capable, mais cependant moins bon cultivateur que les Flamands que j'avais vus avant lui; car les terres, étant fortes et excellentes, offrent plus de difficultés pour être très-bien cultivées, et, comme elles produisent de belles récoltes sans qu'on se donne beaucoup de peine, on se tient tranquille. Les terres sont noires, argileuses, difficiles à labourer; mais les mottes, après s'être desséchées, se laissent aller une fois qu'il pleut dessus, ce qui annonce qu'elles contiennent du calcaire; elles ont ordinairement 1 mètre d'épaisseur, sur un sous-sol de sable blanc et fin qui contient des petits coquillages marins. Ce sable fait effervescence avec le vinaigre; si on en appliquait une bonne dose sur ces terres compactes, il y ferait grand bien, en les rendant moins difficiles à cultiver et encore plus productives. Dans une partie de ces terres, l'eau ne s'infiltre pas malgré le sous-sol de sable; cela tient à une couche d'argile qui se trouve entre la bonne terre de la surface et le sable. Le draining ferait merveille, en creusant les rigoles jusqu'au sable, dont on ferait bien de répandre quelques centimètres sur la surface du champ, avant de les reboucher.

C'est dans cette ferme que se trouve le beau taureau qui venait de remporter le premier prix du grand concours de bestiaux de Bruxelles; ce prix était d'une médaille d'or et 500 fr. d'argent. Ce taureau a de très-belles formes, mais pèche par la taille; il est venu d'Angleterre dans le ventre de sa mère, mais il n'a pas été assez nourri étant jeune. On veut l'engraisser, malgré qu'il n'ait encore que trois ans;

c'est bien dommage, on l'eût vendu 1,000 fr. si on les avait trouvés.

M. Vanderberg a acheté un jeune taureau durham de M. Peers, qu'il a payé, à l'âge de deux mois, 80 fr.; mais ce jeune animal n'est pas grand pour l'âge de dix-huit mois : on voit aussi qu'il a été peu nourri, ainsi que les autres élèves croisés durhams ou d'autres espèces qui se trouvent sur la ferme. M. Vanderberg m'a dit qu'il achetait tous les veaux provenant d'un croisement durham qu'il peut trouver; on les lui fait payer le même prix que ceux du pays, de 15 à 18 fr., deux jours après leur naissance. Il ajoutait que, s'il fallait en donner 10 fr. de plus, il les préférerait encore à ceux du pays, car ils valent généralement, à l'âge de dix-huit mois, de 40 à 50 fr. de plus que les autres, qui n'arrivent que rarement au prix de 140 ou 150 fr. Il engraissait des moutons; mais il trouve plus de profit à acheter des agneaux de la grande race flandrine, qu'il paye, à l'âge de six ou sept mois, depuis 18 à 20 fr. pièce. Ils n'ont pas été tondus la première année; leur toison, lavée à dos, pèse 2 kilog., et se vend depuis 5 à 6 fr. Il vend ordinairement ces jeunes bêtes un an après les avoir acquises, avec une augmentation de 8 fr., en ne comptant pas ce qu'elles ont consommé. Ils sont achetés par des fermiers qui les engraissent dans leurs riches herbages.

Il m'a conduit à 1 kilomètre de chez lui pour me faire voir une des meilleures pâtures grasses du pays : elle est louée 150 fr. par hectare. M. Vanderberg ne paye que 70 fr. par hectare; mais ses 25 hectares d'herbages sont d'une qualité moindre, et c'est la raison qui l'empêche d'engraisser lui-même ses agneaux. Il a une quarantaine de bêtes à cornes, parmi lesquelles il y a aussi beaucoup de jeunes bêtes. Il m'a dit qu'on perdait beaucoup de veaux dans ce pays, et qu'il avait appris, depuis plusieurs années, un remède qui lui évitait ces pertes. Il mêle à du beurre mou ou à du saindoux assez de poivre pour qu'on puisse en former une boulette grosse comme une des plus fortes noix; on en fait avaler une pendant trois jours de suite au veau qui est malade, et cela le guérit.

Son assolement est orge d'hiver fumée à raison de quatre-vingt-dix petites voitures de fumier, qui sont cependant attelées de deux chevaux ; la deuxième sole porte des fèves ou des pommes de terre ; la troisième, du froment auquel on donne du purin ; la quatrième, du trèfle ou des pois mêlés de fèves ; la cinquième, froment ; la sixième, colza. Il ne fait pas de lin ; il ne sème pas d'orge dans ses 10 hectares les plus humides. Je lui ai expliqué ce que c'est que le drainage des Anglais, et il a dit qu'il en essayerait 1 hectare, ainsi que de mettre du sable calcaire sur ses terres les plus fortes. Il dit que ses terres ne souffrent pas de l'eau, excepté les 10 hectares cités plus haut, et cependant on voit dans ses champs, comme dans les environs, partout des rigoles ouvertes et parallèles, qui sont garnies de gazons et sont à distance d'environ 33 mètres les unes des autres. Si le terrain était perméable, on n'aurait pas fait ces petits fossés, qui ont les inconvénients de diminuer cette excellente terre labourable sur toute leur longueur, chacun d'environ $1^m,33$ de largeur, ou d'une étendue de 4 ares par hectare. Ces fossés rapprochés ne permettent pas le labour en travers, qui serait fort utile ; enfin leurs gazons infectent le terrain de chiendent. Si on avait des tuyaux, on établirait l'assainissement à peu de frais, une partie des rigoles existant déjà.

M. Vanderberg met quatre fortes juments à sa charrue, qui a un versoir de bois : elle est très-massive et grossièrement faite. Dans des terres plus fortes que celles de Metkerque, les cultivateurs écossais ne mettent que deux bons chevaux à leur charrue ; mais celle-ci est très-bien faite et prend moins de terre que si on labourait des terres plus légères, car plus les terres sont compactes, plus il faut les diviser. On labourait une terre pour y planter, au printemps suivant, des pommes de terre ; ce qui aura lieu sans un nouveau labour. On plante les tubercules en faisant les trous à la bêche. La terre qui sort d'un trou sert à combler le précédent, qui vient de recevoir une pomme de terre. Étant entré dans une écurie de la ferme de Metkerque, je fus étonné de ne trouver dans le lit des laboureurs que des paillasses remplies de siliques de colza et pas de matelas.

M. Goupy avait apporté des provisions qui furent réunies au dîner de la famille Vanderberg, avec laquelle nous fîmes un bon repas. Mon hôte me ramena à Bruges en allant rejoindre une autre route, ce qui me fit visiter une plus grande partie de cette riche contrée. On voit de très-beaux vergers, dont les cerisiers surtout sont de très-vigoureux arbres. Les enfants de M. Goupy ont une douzaine de fermes dans ces environs, dans chacune desquelles il a planté des vergers, bâti des bergeries ou fait d'autres améliorations.

La ville de Bruges a une population de quarante-six mille âmes; elle est entourée d'une riche culture maraîchère; il y arrive, de toutes les directions, des routes bien pavées et bordées de superbes plantations, ce qui embellit beaucoup ses environs. M. Goupy m'a dit que les domestiques de cette ville vendaient à leur profit les vidanges, mais que la ville prélevait un impôt de 2 fr. sur chaque voiture attelée de deux chevaux qui sortait des barrières chargée de cette matière, et que cela lui rapportait 24,000 fr. Il a ajouté qu'à Ostende, où se trouve une population de douze mille âmes, la ville vendait pour son compte les vidanges, et que cela lui valait 27,000 fr. Les rues de Bruges sont nettoyées par les pauvres, qui ont pour leur peine les ordures, qu'ils emmènent hors de la ville dans de grandes brouettes; ils en forment des tas qu'ils vendent de temps en temps aux jardiniers des environs.

M. Goupy, étant bourgmestre ou maire de la commune de Sysscele il y a environ douze ans, est parvenu à faire louer par parcelles de 25 à 60 ares, et pour un bail de neuf ans, un communal, espèce de bruyère, d'une contenance d'à peu près 55 hectares, ce qui a produit un revenu de 1,400 fr.; le second bail produit annuellement 5,000 fr. à la commune. Dans un hameau faisant partie de la même commune, il se trouvait un communal appartenant en propre audit hameau, qui avait une étendue de 101 hectares; M. Goupy en fit louer 15 hectares 84 ares pour neuf ans, à raison de 550 fr. : le second bail produit 600 fr. Dans ce hameau, composé de quatre-vingts feux, il n'y a que dix-sept familles pauvres; dans un hameau voisin de même importance, qui n'a pas loué de communal par parcelles, il y a environ moitié des familles qui l'habitent qui sont dans l'indigence.

M. Goupy me donna à lire un article qui a paru dans différents journaux belges, et que je crois trop intéressant pour n'en pas donner un extrait. Un cultivateur flamand occupait une ferme de 50 hectares en 1844, dont il tirait un bon parti : ses froments lui rendaient, en moyenne, 30 hectolitres par hectare; il employait trois domestiques, quatre chevaux, et avait douze vaches à l'étable. Lorsque, vers la fin de 1845, il vit que la famine était imminente, il chercha le moyen d'occuper un plus grand nombre de bras pour venir le plus possible au secours de ses malheureux voisins : il sous-loua 8 hectares à de petits cultivateurs, ou plutôt à des journaliers, ce qui leur assura de l'ouvrage; il vendit deux chevaux, maintint son étable au complet, et engagea, pour toute l'année, six manœuvres de plus. Il fit bêcher, dès ce moment, la moitié de ses terres, augmenta d'un tiers la dose d'engrais, et fit exécuter trois sarclages qui occupèrent six femmes au printemps et en automne. Ses champs offrirent bientôt l'aspect de vastes jardins qui excitèrent l'admiration générale.

Les résultats dépassèrent l'attente de ce cultivateur et du public : il espérait tout au plus ne pas éprouver de pertes, ou même ne pas payer trop cher le bonheur d'assurer des moyens d'existence à une dizaine de travailleurs. Eh bien, il se trouve qu'il a fait à la fois une bonne action et une bonne affaire; les 22 hectares ainsi soignés et cultivés rapportent plus que les 30 hectares de sa première culture, et son bénéfice net s'est accru d'un septième. L'an dernier, 1847, il a récolté 58 hectolitres de froment par hectare, et jusqu'à 490 hectolitres de pommes de terre sur la même étendue. Un vaste jardin fruitier créé depuis cinq ans, et un mur qu'il a fait construire à une bonne exposition pour y placer des pêchers, des abricoiers et des vignes, donnent déjà un revenu net dépassant

50 pour 100 du capital employé à cette création. Le mur et les arbres lui ont coûté 1,700 fr.; cette année, il a vendu pour 550 fr. de fruits, outre sa propre consommation.

Bref, il retire de son exploitation un produit double de celui de son devancier, et il a la satisfaction de faire vivre de huit à dix personnes de plus, quoique sa ferme soit diminuée.

Nous sommes aliés, lundi 8 octobre, déjeuner chez M. Peers, à Ostcamp; il est un des membres de la chambre belge. Il nous a menés, dans un phaéton attelé de deux fort beaux chevaux anglais, chez M. Vanderbrugge, au château de Blanc, près Wingem. Cette propriété se trouve dans un pays de bruyères; elle est dans sa famille depuis trente ans, et a coûté 225,000 fr.; on vient de l'estimer pour des partages à 600,000 fr. On l'avait plantée et semée en grande partie en bois. Il a défriché depuis sept ans ce qui restait de bruyères et des bois mal venus; le fond est de la terre de bruyère noire d'une épaisseur de 16 à 50 centimètres, placée sur un sous-sol de mauvais sable blanc ou sur une couche de sable ferrugineux peu épaisse, qui se trouve sur une couche très-profonde de sable blanc; ce sont de mauvaises terres de bruyère, mais le bois y prospère. Ses défrichements lui donnent, après avoir reçu 100 hectolitres de cendres de bois, qu'on nomme dans ce pays *cendres blanches,* et qui lui coûtent 240 fr., un beau seigle, qu'on remplace aussitôt après la moisson par des navets, auxquels on applique 150 hectolitres de purin, ce qui donne une belle récolte. La deuxième année, on sème de l'avoine en mettant encore 100 hectolitres de ces cendres, ou bien 550 kilog. de guano, qui ne coûtent que 95 fr.; la troisième année, on plante des pommes de terre sur 25,000 kilog. de fumier. La quatrième récolte est du seigle, qui reçoit du purin; les navets qui viennent sur les éteules de seigle reçoivent de 250 à 500 kilog. de guano. La cinquième récolte se trouve être du colza, qu'on fume.

Sur le second sarclage donné au colza, qui a été planté en lignes espacées de 0^m,50, on sème une ligne de carottes entre deux de colza; on les arrose de purin, on les éclaircit et on les sarcle de suite après avoir enlevé la récolte de colza, et j'ai vu une fort belle récolte de carottes faite de cette manière. Sur un champ d'orge d'hiver, j'ai vu de fort beaux rutabagas, qui avaient été repiqués aussitôt que possible, une fois l'orge enlevée ; ils avaient reçu une demi-fumure, mais on donne toujours beaucoup d'engrais à l'escourgeon. Nous avons arraché le plus beau rutabaga que nous ayons trouvé en cherchant un instant ; il pesait 4 kilog. ; les autres pouvaient être pris, en moyenne, pour 2 kilog. Nous avons vu des navets de Norfolk, plats et de couleur rouge, et des navets flamands, aussi rouges, mais d'une forme très-élevée au-dessus de terre : ils provenaient de graines qui étaient tombées des semenceaux sur le terrain, qui ne fut pas labouré une fois les semenceaux enlevés. Ces navets étaient tellement beaux, que je priai qu'on en arrachât un de chaque espèce pour les peser ; ils dépassèrent chacun 6 kilog. Les trèfles semés sur seigle, qui étaient venus sur la quatrième année du défrichement, ont reçu d'abord 300 kil. de guano, et ensuite 150 hectol. de purin ; aussi ont-ils fourni trois belles coupes. Nous avons vu repiquer de très-beaux replants de colza : cela se fait ici à la journée et revient à 16 fr. par hectare.

On obtient donc, au moyen de fortes fumures et d'une culture soignée, de fort belles récoltes dans des terres qui, dans beaucoup de pays, passent pour absolument improductives. On m'a dit avoir obtenu une belle récolte de pommes de terre sur un défrichement de bois qui n'avait reçu que 100 hectol. de chaux, ainsi qu'une fort belle récolte de sarrasin. Les navets d'éteule sont semés ici en lignes espacées par $0^m,50$, et reçoivent 250 ou 350 kilog. de guano et deux sarclages ; les planteurs de colza emploient ici des plantoirs qui forment deux trous à la fois. J'ai vu dans cette ferme très-intéressante deux beaux taureaux durhams qui sont en bon état, ni gras ni maigres ; on leur donne la même nourriture qu'aux chevaux, hors l'avoine ; on met 2 litres de farine de seigle, pour chacun, dans leur boisson. Ces taureaux travaillent tous les jours pendant une attelée. Le pain mangé par les domestiques de la ferme, chez M. Vanderbrugge, n'est composé que de seigle dont on ne sépare pas le son; il est très-noir et fort compacte.

Nous avions trouvé chez M. Vanderbrugge un M. Kervyn, qui est le directeur ou inspecteur général des écoles primaires de la Flandre orientale; ces trois messieurs ayant à faire comme membres de la commission qui est chargée d'organiser la colonie d'enfants repris de justice, et qui doit aussi, par la suite, avoir des enfants trouvés, colonie, dis-je, qu'on va établir dans le genre de celles qui existent dans différentes parties de la France, sur une terre que le gouvernement vient d'acheter pour 160,000 fr.

Nous fûmes forcés de quitter cette culture que j'eusse bien voulu examiner davantage, car il y a là bien des choses à apprendre. M. Vanderbrugge m'a parlé de prés considérables qu'il a établis dans ces déserts, en choisissant les endroits susceptibles d'être irrigués, du moins en automne et au printemps; il m'a assuré qu'ils étaient très-productifs, mais il n'a pas eu le temps de me les faire voir, ni même de m'expliquer comment il les avait formés et quels étaient les engrais qu'il leur avait consacrés pour les rendre bons. Je me promets bien de visiter de nouveau cette culture des plus intéressantes, que je n'ai pu qu'entrevoir.

On rencontre partout, dans ce pays, une foule d'hommes et de femmes, ayant l'air d'être fort misérables, qui, armés de râteaux ou de pioches, fouillent les champs de pommes de terre déjà récoltées, et on les voit revenir chargés d'un quart à un demi-hectolitre de ces tubercules, qui entrent pour une grande partie dans la nourriture des habitants pauvres. Les pommes de terre tardives ont été atteintes de si bonne heure par cette terrible maladie, cette année, que leur produit a été singulièrement diminué, et encore s'en trouve-t-il, lors de l'arrachage, environ un quart qui sont gâtées. Nous sommes arrivés en moins d'une demi-heure dans la terre dont les magnifiques bâtiments vont servir de logement aux colonies de bienfaisance qu'on est occupé d'organiser. Les 126 hectares de cette propriété n'étaient, il y a vingt-cinq ou trente ans, qu'une vaste bruyère, dont le sol est formé de $0^m,33$ à $0^m,66$ d'un sable noir, véritable terre de bruyère placée partout sur une couche peu épaisse de sable ferrugineux, qui n'est heureusement pas compacte et dure comme celle qui se trouve dans la Campine, où elle empêche le bois de venir, à moins qu'on ne l'ait préalablement détruite au moyen d'un défoncement de $0^m,66$, après lequel les plantations d'arbres verts et de hêtres y prospèrent singulièrement bien; ici les pins silvestres, les sapins, les hêtres et surtout les mélèzes, viennent admirablement bien, sur un simple labour. On a partagé toute la propriété en enclos d'une étendue d'environ 5/4 d'hectare, ce qui est beaucoup trop petit; ils devraient être au moins de 4 hectares : on les a entourés tous de deux planches belges formées en dos d'âne et qui, réunies, ont une largeur d'environ 6 mètres. On les a semés en pins, sapins et mélèzes, qui viennent à merveille, mais qu'on n'a malheureusement pas éclaircis.

On a tracé une immense quantité de chemins qui se croisent à angles droits, et qui sont aussi bordés par deux planches semées en bois; on y a planté une double rangée de hêtres bien venants, mais qui souffrent de la trop grande épaisseur de ces bordures de bois. Le sous-sol, autant que j'ai pu en juger par plusieurs excavations, est formé d'un sable verdâtre qui ne fait pas effervescence avec le vinaigre et qui a au moins 3 mètres de profondeur; ces terres ne souffrent pas d'humidité. La société qui avait construit cette immense sucrerie et distillerie y a dépensé, m'a-t-on assuré, plus de 600,000 fr., et, deux ans après, elle s'est dissoute.

Le bâtiment principal a une longueur de 112 mètres sur une largeur de 15; il se compose d'un rez-de-chaussée très-élevé, de deux étages, d'un beau grenier, et enfin de superbes caves voûtées qui règnent sous tout ce bâtiment, dont le devant, sur une longueur de 92 mètres, est garni d'une construction profonde de 8 mètres, qui ne forme qu'un rez-de-chaussée fort élevé, recouvert par une terrasse en bitume. Cet immense bâtiment sépare deux cours, dont la plus grande a 55 mètres de largeur et l'autre 33; elles sont fermées, de trois côtés, par des bâtiments ayant une largeur, de dehors en dehors, de 11 mètres, et une longueur totale, pour les trois bâtiments, de 339 mètres, dont 243 mètres courants étaient distribués en étables pavées en briques sur champ et fort bien arrangées. Il se trouve, sous le bâtiment qui est en face la fabrique, et qui a 133 mètres de long sur 11 de large, une citerne à purin voûtée de pareille étendue, et qui a 3 mètres de profondeur; c'est, assurément, la plus grande qui existe. La seconde façade des bâtiments extérieurs, qui ferme la cour la moins étendue, est formée par deux bâtisses d'une profondeur de 7 mètres sur 33 de long, de deux pavillons carrés et d'une grille d'une longueur de 30 mètres. Les bâtiments entourant la petite cour servaient de magasins, et les pavillons de logements d'employés. Ces beaux bâtiments, construits en briques, sont comme neufs, à part les croisées et les couvertures, qui sont en mauvais état. Il est fort heureux que ces messieurs aient pu amener M. Rogier, le ministre, à visiter ce superbe établissement, qui eût été démoli, si le gouvernement ne l'eût pas acheté; la ferme, bâtie il y a vingt-cinq ans, est placée près de la manufacture. La commission, dont ces trois messieurs forment une partie, continuera, après l'établissement de la colonie, à la surveiller et à en diriger la culture. Le personnel de cette colonie si utile sera composé d'un directeur, d'un aumônier, d'un économe comptable, des maîtres chargés de l'instruction, d'un chef de culture, et de vingt-cinq vétérans auxquels seront confiées la surveillance et la garde.

Ces messieurs ont choisi pour chef de culture un paysan qui avait commencé par être journalier, qui, par son intelligence, sa bonne conduite et sa grande activité, est parvenu à créer, dans des bruyères, une petite ferme, où il a gagné une dizaine de mille francs, quoiqu'il ait à peine quarante ans. Il savait tirer un très-bon parti de ces sables de bruyères, auxquels il trouvait le moyen de faire produire fréquemment des doubles récoltes : ainsi il semait, après le seigle, de la graine de navets qu'il avait fait tremper, et ensuite qu'il avait mêlée à de la suie, ce qui, dit-il, éloigne les altises et hâte la levée, tout en fertilisant le sol ; il semait, au moment du second sarclage de ces racines, du trèfle incarnat. Les navets, étant arrachés à l'entrée de l'hiver, cèdent la place au farouch, qui était lui-même remplacé par des pommes de terre.

Il semait, dans du lin, des carottes ou du trèfle ; ce dernier, ayant reçu un mélange de chaux et cendres, avec une forte dose de purin, donnait une superbe coupe en octobre ; ensuite on le labourait pour recevoir du seigle ou de l'escourgeon. Il semait aussi des carottes ou des panais dans du seigle, qu'on arrosait de purin immédiatement après l'enlèvement du grain, et qu'on sarclait et éclaircissait aussi dans ce moment. Il cultivait à la bêche ou avec ses vaches, et il entend cette petite culture flamande dans une grande perfection. En attendant qu'il soit mis en pied, il gagne 3 francs par jour et se nourrit.

M. Kervyn, avec lequel je me suis trouvé dans le waggon qui nous menait à Gand, où il réside, m'a dit que le conseil général de la Flandre orientale avait voté une somme de 90,000 fr. auxquels le gouvernement ajoute 80,000 fr. et le produit de 10 centimes additionnels par franc sur les impôts fonciers et personnels qui arrivent à peu près à pareille somme ; cet argent suffit pour assurer aux maîtres d'école au moins 400 fr. et le logement. Les enfants du premier degré payent 50 cent. par semaine, ceux du deuxième degré 70 cent. et ceux du troisième 1 fr. 25 c. Bien des communes refusent tout secours aux indigents qui ne veulent pas envoyer leurs enfants à l'école. On leur apprend le français une fois qu'ils savent assez bien le flamand.

Les barrières, si rapprochées en Belgique, sont assurément bien ennuyeuses, car, tous les 5 kilomètres, un cabriolet attelé d'un cheval est obligé de payer 15 cent. ; mais cela produit au gouvernement un boni de plus de 6 millions de francs en sus des frais d'entretien des routes, et cet argent est ajouté aux sommes souscrites par les communes, ou les sociétés organisées pour la création de nouvelles routes. M. Kervyn m'a encore dit que la Belgique avait, depuis 1830, augmenté le nombre de ses routes de plus d'un tiers. Les barrières aident aussi à faciliter l'érection de nouvelles routes, parce qu'elles servent à payer l'intérêt du capital qui a été employé à les construire et à les entretenir en bon état.

J'ai couché à Gand et suis allé voir, le lendemain matin de bonne heure, les superbes serres chaudes, qui sont un des ornements de cette ville; je me suis rendu de là à Anvers par le chemin de fer. Comme le temps était fort pluvieux, je renonçai au projet de m'arrêter à Saint-Nicolas et de me rendre à Tamise pour visiter de nouveau ces excellentes cultures. Dans les environs de Saint-Nicolas et de Bévern, les champs sont d'une forme carrée bombée par le milieu; ils ont une pente des quatre côtés, et on n'y forme pas de planches. Les terres m'ont paru fort bien cultivées depuis Gand jusqu'à Anvers; mais elles sont généralement très-sablonneuses et d'une apparence peu fertile jusqu'aux environs de Bévern. De là à Anvers et de cette dernière ville à Malines, elles ont l'air, au contraire, d'être très-fertiles et encore mieux cultivées. Les planches sont plates, elles sont séparées par des rigoles assez larges et profondes dans le Hainaut et la Flandre occidentale; depuis Anvers jusqu'à Malines et plus loin, elles ont une forme bombée, et les rigoles sont moins larges et profondes. On voit, dans ces terres légères, beaucoup de charrues attelées d'un cheval.

Dans les environs de Saint-Nicolas, on défonce les champs avec la bêche à 66 centimètres de profondeur, tous les cinq ou six ans, en mettant la couche supérieure au fond et ramenant celle du dessous en l'air : cela permet au lin et aux autres récoltes qui ne pourraient pas, sans cela, se suivre de près sans un grand inconvénient de revenir avec succès tous les cinq ou six ans.

Arrivé à Malines, j'ai été obligé d'y passer quelques heures en attendant un convoi qui pût me conduire à Saint-Trond ; j'employai ce temps à parcourir les environs de la ville, qui sont parfaitement cultivés. Le reste de la journée fut pluvieux, et la nuit, qui me surprit en chemin de fer, m'empêcha de voir la campagne des environs de Louvain, d'où je fus coucher à Saint-Trond. Le lendemain, je visitai la sucrerie de M. Mellart ; il a eu la complaisance de me faire voir lui-même ce bel établissement, qui fabrique le produit de plus de 100 hectares de betteraves cultivées par lui, auxquelles il en ajoute encore d'autres qu'il achète. Son assolement est froment et betteraves fumés, qui lui rendent en moyenne 50,000 kilog. ; le froment lui produit une moyenne de 2,000 kilog. de grain, ou environ 26 hectolitres. Sa ferme ne contient que 150 hectares, dont moitié est fumée par lui ; les autres 25 hectares en betteraves lui sont loués par des cultivateurs, qui les ont fumés, labourés et hersés, cela moyennant 400 ou 450 fr. par hectare pour cette seule récolte, qui remplace pour eux la jachère.

M. Mellart réunit dans une fosse tous les engrais provenant de sa sucrerie, tels qu'écumes de défécation, noir fin, les eaux provenant du lavage du noir, qui en contiennent beaucoup ; les cendres, suies, les eaux provenant du lavage des pavés de l'usine, et celles qui ont servi à laver les racines, etc. Quand ces eaux se sont bien déposées, on les laisse s'écouler, et ce dépôt est mélangé avec du fumier, les terres et les bouts de racines provenant du nettoyage à la main des betteraves, ce qui produit un grand volume ; ce compost lui fournit de quoi bien fumer 20 hectares, qui reçoivent chacun quarante tombereaux attelés de deux bons chevaux. Il dit que les terres fumées ainsi produisent toujours plus que celles qui ont reçu la même quantité de fumier sans mélange, quoique celui-ci provienne de bœufs et moutons à l'engrais.

Il fait bêcher de la terre à raison de 1 fr. par jour et par homme, afin de procurer de l'ouvrage aux ouvriers. Trente hommes bêchent 1 hectare par jour. Il dit que la perfection de l'ouvrage fait plus qu'indemniser du surcroît de dépense.

Il avait des moutons venant des Ardennes, de la même grosseur et ressemblant parfaitement à des moutons de Sologne. Il a fait établir, derrière et tout le long de ses bâtiments, des hangars dont le fond est formé de silos murés, qu'on remplit avec les pulpes, qui, après avoir été bien tassées, sont recouvertes de 35 centimètres de terre bien battue, et on remise dessus les tombereaux, charrettes et charrues; les herses sont suspendues à des piquets enchâssés dans le mur.

M. Mellart m'a fait voir des formes en fer battu dont la pointe, qui, ordinairement, est trouée pour laisser écouler la mélasse, n'avait pas d'ouverture; il les remplit d'un sirop épais et de couleur très-brune, et au moyen d'un procédé qu'il vend il obtient un pain de sucre blanc qu'il vendait, dans ce moment, 1 fr. 25 c. le kilog.

Un contre-maître de cet établissement, qui est Français et qui a travaillé dans bien des sucreries de l'Artois, m'a dit que cette fabrique de sucre de betterave était la plus perfectionnée de celles qu'il eût encore vues.

M. Mellart n'a pas encore essayé du guano et n'y a pas foi, craignant les falsifications; il dit qu'il produit chez lui assez d'engrais pour n'avoir pas besoin d'en acheter. Je pense que, s'il donnait à ses froments 250 kilog. de guano coûtant, à Bruxelles ou à Anvers, 67 fr., il pourrait récolter 35 hectolitres de froment au lieu de 26, et que les 9 hectolitres en sus doubleraient la somme mise en engrais. Je crois aussi que 150 fr. mis en guano qu'on ajouterait à la fumure des betteraves produiraient le même résultat, c'est-à-dire qu'ils donneraient bien 70,000 kilog. de betteraves au lieu de 50,000, ce qui doublerait aussi le capital avancé; mais on pourrait, du reste, se contenter d'un bénéfice moindre que celui de 100 pour 100. Il vend des pulpes à 12 fr. les 1,000 kilog., et préfère les faire consommer chez lui que de les vendre à meilleur marché.

Près de Saint-Trond, les terres sont fort bonnes et se louent jusqu'à 200 francs par hectare; à 1 lieue de la ville, on m'a dit qu'elles ne pouvaient plus l'être qu'à raison de 100 fr. Il y a plusieurs sucreries de betterave aux environs de cette ville, dont la plus considérable vient de faillir, et une autre est arrêtée.

J'ai causé avec un cultivateur voisin de la sucrerie de M. Mellart; il m'a dit cultiver 15 hectares, et faire, outre ses navets sur seigle et des pommes de terre, 1 hectare de betteraves pour ses vaches. Je lui ai dit que, si j'étais à sa place, je vendrais mes betteraves à la sucrerie pour 14 ou 16 francs les 1,000 kilogammes, et que je prendrais de la pulpe en payement, ce qui me donnerait un bénéfice raisonnable, car la pulpe est plus nourrissante, poids pour poids, que la betterave.

Le charbon de terre vaut, à Saint-Trond, 90 fr. les 5,000 kilog.; il vient de Liége, qui en est à 7 lieues.

Des cultivateurs de ce pays m'ont dit qu'ils employaient avec succès du noir animalisé, à raison de 4 fr. l'hectol., dont ils en mettent 30 à l'hectare.

Il y a beaucoup de vergers garnis de fort beaux arbres autour de Saint-Trond; mais il y en a encore de plus considérables autour de la petite ville de Loos. Les terres m'ont paru fort bonnes depuis Saint-Trond jusqu'au château d'Oplieux, qui appartient au baron de Woelmont, le cousin germain de MM. de Gourcy qui habitent les environs de Namur. J'avais fait sa connaissance à Bruxelles, et il m'avait engagé à venir voir ses améliorations agricoles. M. de Woelmont cultive deux fermes : l'une, celle du château, a 58 hectares de terres, et l'autre 50; il y joint 36 hectares de prés. Il nourrit sur cette étendue quatre-vingts têtes de gros bétail pendant toute l'année; ce bétail se compose de vingt-deux chevaux de labour, sept de luxe, vingt et un poulains, dont quatorze de l'année, vingt-quatre vaches, douze veaux : j'estime les veaux, poulains et cochons équivaloir à dix-sept grosses bêtes, total quatre-vingts, et il engraisse, en outre, quatre-vingt-trois bêtes à cornes; cela fait l'équivalent de près de cent quinze bêtes, ou plus de deux tiers d'une tête par hectare, pour toute l'année. Ses vingt-quatre vaches à lait sont de race hollandaise et fort belles. Il n'a pas de moutons. Ses terres, qui sont, du reste, fertiles, souffrent de l'humidité.

Il élève des chevaux de travail, après avoir élevé de fort beaux chevaux anglais, dont ses écuries de luxe sont encore garnies ; mais il a reconnu que, tout en réussissant dans l'élève des chevaux de voiture et de selle, il n'y avait que de l'argent à y perdre, car on ne peut s'en défaire qu'en passant par les mains des marchands de chevaux, qui ne les payent pas ce qu'ils ont coûté à l'éleveur.

Son assolement est à peu près triennal : un tiers des terres est en froment ; le second tiers, moins 4 hectares, est en seigle ; le troisième tiers, plus 4 hectares, donne 10 hectares de trèfle rouge, 12 de betteraves disettes de Sibérie, 8 en carottes blanches à collets verts, 2 en pommes de terre et 4 en féveroles.

Les betteraves et carottes produisent, en moyenne, 40,000 k. ; les navets d'éteule sans engrais, après seigle, donnent de 18,000 à 19,000 kilog. ; on n'y fait pas de navets de jachère. Les pommes de terre donnent environ 17,000 kilog. ; le froment, qui vient après les racines qui ont reçu de 30 à 40 mètres cubes de fumier, ne donne que 22 hectol. On donne au seigle de 15 à 20 mètres de fumier, et j'ai oublié quel est son produit ; si on donnait au froment de 200 à 300 kilog. de guano, on rentrerait avec bénéfice dans cette avance. Les terres m'ont paru être d'une très-bonne qualité, mais ayant besoin d'être assainies, opération qui les empêcherait de se battre ; elles manquent aussi de calcaire.

Les navets d'éteule devraient recevoir une bonne dose de guano ; ils sont cultivés en lignes et fort bien sarclés : les froments sont aussi semés en ligne, et M. de Woelmont a fait construire une petite houe à cheval qui cultive trois lignes à la fois ; mais il lui faudrait la houe à cheval pour céréales, de Garrett, de Saxmundham, comté de Suffolk, qui en cultive depuis sept à onze lignes d'un trait. Ses carottes sont si grosses, que, lorsqu'elles sont séparées de leurs feuilles, on les prend pour de belles betteraves ; il croit qu'elles produiront, cette année, 50,000 kilog., tandis que les disettes, qu'il dit venir de Sibérie et qui sont une fort belle variété, ne donneront guère que 40,000 kilog. Son trèfle ne revient que tous les neuf ans à la même place.

J'ai vu chez M. de Woelmont, comme chez plusieurs autres cultivateurs, de très-beaux navets ou rutabagas anglais dont le gouvernement leur avait envoyé la graine. Je crois encore, d'après ce que j'ai vu dans mes nombreux voyages agricoles, qu'au lieu de mettre de 30 à 40 mètres cubes de fumier par hectare pour les racines il faudrait en mettre au moins le double ; mais, comme on n'en produit pas asez pour cela, il faudrait ajouter à cette fumure 200 kilog. de bon guano et 3 ou 4 hectol. de phosphate de chaux ; de cette manière on pourrait compter sur un produit de 60,000 à 75,000 kilog. de racines.

M. de Woelmont se sert de la charrue d'un maréchal du nom d'Odeurs, qui demeure à Marlines, près de Warem, et non loin de Louvain ; c'est bien la meilleure de toutes les charrues, pour les terres qui ne sont pas très-argileuses ou très-pierreuses, y compris le sondeur ou petite charrue à sous-sol qui s'y adapte. Elle coûte 100 fr. ; je voudrais bien la voir introduite en France. M. le Docte, régisseur de M. de Woelmont, m'a dit qu'il avait labouré avec cette charrue attelée de quatre chevaux, le sondeur s'y trouvant adapté, jusqu'à la profondeur de $0^m,40$. M. le Docte préfère beaucoup pour ses terres, qui sont de bonnes et profondes terres franches, la charrue d'Odeurs à celle de M. d'Omalins ; il a les deux, et il dit que cette dernière demande beaucoup plus de force de traction. Il assure pouvoir labourer à volonté, avec la charrue d'Odeurs, depuis $0^m,06$ à $0^m,33$ de profondeur.

M. de Woelmont a fait construire deux superbes étables qui sont parfaitement arrangées, et sous toute l'étendue desquelles règnent des citernes voûtées qui contiennent chacune neuf cents tonneaux de purin ; un de ces tonneaux contient 2 hectolitres. Il y a dans la ferme du château une machine à battre à quatre chevaux, qui ne bat que 15 hectolitres par

jour. Comme M. de Woelmont cultive deux fermes qui sont
à environ 2 kilomètres l'une de l'autre, il ferait bien d'importer la machine à battre de Garrett, que j'ai déjà citée plus
haut, qui, depuis plusieurs années, a toujours remporté le
premier prix fondé par la Société d'agriculture d'Angleterre.
Elle se transporte facilement d'un lieu à l'autre, bat, avec
quatre chevaux, au moins de 6 à 7 hectol. de froment à
l'heure; elle opère parfaitement en plein champ; elle prend
la paille en travers, afin de ne pas la briser : c'est ce qui fait
qu'elle bat moins que celles qui sont faites pour prendre la
paille en long. Elles coûtent l'une ou l'autre, avec tous les
accessoires, 1,750 fr.

On a adapté au manége d'Oplieux un hache-paille et une
scie rotative pour scier le bois de chauffage; on pourrait y
adapter aussi une scie rotative pour faire des planches. Son
semoir vient du Quesnoy; il a coûté 500 fr.; il sème neuf lignes
de céréales à la fois; il est attelé de deux chevaux; il sème
aussi les fèves, les carottes et les navets, mais pas les betteraves : il se sert, pour celles-ci, d'un semoir-brouette, fabriqué
par M. d'Omalins, qui sème de l'engrais en même temps que
la semence, mais sans les séparer par un peu de terre, ce qui a
l'inconvénient de détruire les germes de la semence, si on
emploie du guano, du nitrate de soude ou du tourteau. M. de
Woelmont sème ses lignes de céréales à $0^m,18$ les unes des
autres; il n'avait semé, jusqu'au 15 octobre, que 130 litres
de froment par hectare; il allait augmenter de 20 litres.

Mme de Woelmont surveille sa laiterie; elle a eu la bonté
de me la faire voir. Cette partie intéressante d'une ferme m'a
paru fort bien dirigée. Elle a fait venir du pays de Herf, qui
se trouve à gauche du chemin de fer lorsqu'on se rend de
Liége à Aix-la-Chapelle, deux femmes pour conduire les lai-
teries des deux fermes et faire des fromages dits de Herf, qui
se vendent, étant demi-gras, près de 1 fr. la livre. Le beurre
est fort bon. Ces deux femmes gagnent, l'une 300 fr., et l'autre 250 fr. Dans ce pays, les gens de campagne ne mangent
pas le bat-beurre, comme cela a lieu dans les Flandres. On

m'a dit, ici, que les bonnes vaches du pays de Herf ou du Limbourg ne donnent, dans la meilleure saison, que de 10 à 11 litres de lait, qui produisent 1 livre de beurre valant 80 centimes, ou bien quatre petits fromages valant ensemble 1 fr. 20 cent.

M. de Woelmont, ayant des propriétés en Hollande, charge ses fermiers de ce pays de lui acheter les génisses dont il a besoin, dans les foires si renommées de Gorcum : elles lui coûtent, en moyenne, 250 fr. Il m'a dit qu'il pourrait louer les terres qu'il cultive 70 fr. l'hectare, et que les fermes de ses environs se vendent sur le pied de 3,000 fr. l'hectare. Les hommes de journée gagnent, l'été comme l'hiver, 66 cent. sans être nourris ; les batteurs en grange ont 72 cent., les femmes 54 cent., les enfants 30 à 40. Les faucheurs à la tâche ont 5 fr. pour 87 ares. Il faut un bon faucheur pour couper 50 ares de froment non versé dans un jour. Les journées d'été vont de six heures du matin à six heures du soir. Le premier laboureur gagne 175 fr.; les autres, de 115 à 140 fr. et la nourriture.

On estime, chez M. de Woelmont, la nourriture d'un homme à 83 centimes par jour; cela me paraît fort cher, puisque le journalier qui n'est pas nourri ne gagne que 66 centimes.

L'habitation de M. de Woelmont est fort belle, et surtout parfaitement arrangée à l'intérieur. Sa basse-cour, qui a été construite par lui, est aussi fort belle. Le pays est semé de coteaux sur lesquels il y a de superbes bois. Les chênes du parc à l'anglaise qui entoure le château sont très-vieux et magnifiques. On ébranche ces beaux arbres tous les six ans, en même temps qu'on coupe les taillis; mais on ne coupe pas les branches qui sont plus grosses que le bras. M. de Woelmont prétend que, pour pouvoir ébrancher les arbres avec succès, il faut qu'ils se trouvent dans de bonnes terres ; car, sans cela, la séve ne serait pas assez forte pour recouvrir les plaies. Après avoir passé deux jours pleins chez M. et madame de Woelmont, qui ont été parfaits pour moi et qui m'ont engagé à revenir

lors de mon premier voyage en Belgique, ils me firent reconduire jusqu'à Tongres, dans une fort jolie calèche attelée
de deux beaux chevaux anglais élevés à Oplieux, ville d'environ 7,000 âmes, située à 5 lieues de l'habitation que je quit-
tais ; je passais devant un beau château, qui appartient au
baron de Coppins, cousin de M. de Woelmont.

Le pays entre Tongres et Maestricht m'a paru riche, mais
mal cultivé. Près de ces deux villes, la culture est plus soignée ; auprès de la dernière, on voit beaucoup de champs de
betteraves, ou plutôt des disettes, dont on fait, m'a-t-on dit,
beaucoup de sirop, espèce de raisiné d'une couleur très-fon-
cée, dont tout le monde mange dans ce pays, quoiqu'il ne
m'ait paru rien moins que bon; on s'en sert aussi dans la cuisine en guise de sucre, et on en expédie une grande quantité
en Hollande, à laquelle cette partie du Limbourg a été réunie
en 1852.

Les fortifications de Maestricht m'ont paru formidables; il
se trouve, près de la ville, d'immenses carrières, qui ont,
dans certaines parties, plus de 100 pieds sous voûte; on assure qu'elles ont une étendue de plus de 6 lieues sous terre ;
elles sont creusées dans un tuf calcaire, dans le genre de ce qu'on
nomme la *pierre de bourrée* en Touraine. Je n'ai pas visité ces
grottes ou cavernes qu'on dit fort curieuses, parce que, à l'é-
poque avancée de l'année où nous sommes, elles sont boueuses
et fort humides. J'ai quitté de très-bonne heure mon gîte où
j'ai payé fort cher, comme cela arrive ordinairement en Hollande, pour me rendre à Fauquemont, petite ville près de laquelle demeure M. de Villers de Pitté. Il cultive 80 boniers
composés chacun de 87 ares ; il a 64 boniers d'excellents herbages, dont il en fauche 20 une fois chaque année; ils fournissent, en moyenne, 5,000 kilog. d'excellent foin, il estime
la botte de 5 kilog. 20 cent. Les 44 boniers d'herbages qui
restent servent à l'engraissement de bœufs ou vaches, et cette
étendue doit lui engraisser, pendant la bonne saison, quatre-
vingt-huit têtes de bétail. Il m'a dit engraisser à l'étable,
pendant les cinq mois d'hiver, soixante et dix bêtes, bœufs ou

.vaches; celles-ci, qui arrivent, en moyenne, au poids net de 250 kilog., se vendent habituellement 220 fr., en ayant coûté 120. Les bœufs, payés en moyenne 200 fr., se vendent 560 fr.; ils arrivent à un poids net de 400 kilog. Il m'a dit engraisser, en outre, une cinquantaine de bêtes, dont environ moitié est achetée dans le courant de l'été et mise dans les pâtures pour remplacer les bêtes les plus hâtives, qui ont été déjà vendues; on les achève dans les étables pour être vendues fin décembre et courant de janvier; l'autre moitié de ces cinquante bêtes de remplacement se trouve achetée dans le courant de l'hiver, pour remplacer les premières bêtes de pouture qui ont été vendues, et on achève celles-ci au pré, entre le commencement d'avril et la fin de mai. Ces deux catégories se vendent au moins de 20 à 30 fr. de plus que les autres; car elles sont livrées à la boucherie à une époque où les bêtes grasses sont rares. Il donne aux bœufs en graisse 50 kil. de navets ou 40 kil. de betteraves. Cette ration est estimée 50 cent.; il la partage en quatre portions. Il donne, autant que faire se peut, moitié du fourrage en trèfle et le reste en foin de prés. Il fait consommer d'abord les navets, puis les betteraves et carottes. Ces dernières sont extraordinairement belles, elles se trouvent en lignes distantes de 44 centim.; elles sont éclaircies de manière à rester dans la ligne à environ 15 à 16 centim., et, malgré cela, elles se touchent presque quand elles sont arrivées à leur grosseur. Il n'aime pas la carotte jaune à collet vert, ni la blanche qui ne sort presque pas de terre, que cultive M. de Woelmont; car elle reste plus courte que la blanche à collet vert, qui sort beaucoup de terre. Son assolement est de trois ans, dont le tiers est en betteraves ou carottes, 2 boniers en pommes de terre, 2 en féveroles, 10 en trèfle; total, 27 boniers qui reçoivent de 40 à 50,000 kilogrammes de fumier; deuxième sole, froment; troisième sole, seigle, auquel on donne, suivant le plus ou moins de fertilité du champ, de 15 à 30,000 kilogr. de fumier. Il met, après le seigle, dans la partie où il n'a pas semé de trèfle, des navets semés en lignes et les sarcle plusieurs fois. Ses betteraves et navets sont semés en lignes à 50 centim. les unes des autres. Il n'achète pas d'engrais. Ses terres se trouvent en partie en côtes, le haut desquelles est souvent caillouteux et paraît peu fertile; il dit cependant qu'elles sont bonnes, et il attribue cela à un sous-sol de tuf calcaire dont on peut faire des pierres de taille, comme en Touraine.

Une assez forte partie de ses terres sont assez argileuses, mais avec un sous-sol perméable. Il ne se sert que de la charrue de M. d'Omalins et en fait le plus grand cas, ainsi que de tous ses autres instruments. M. de Villers n'a que huit chevaux de travail, ayant toujours de vingt à vingt-quatre bœufs de labour, qui ne travaillent qu'une demi-journée, afin de se préparer à être mis en graisse, une fois les semailles terminées. Pour cela il les achète des petits cultivateurs voisins en mai ou à l'entrée de l'hiver, époques auxquelles ils se défont ordinairement de leurs vieux bœufs, pour les remplacer par des jeunes. Ceux de ces bœufs qui ont passé l'hiver à se préparer et qui ont cependant fait les semailles du printemps sont mis à l'engrais dans les herbages; ceux achetés en mai les remplacent pour le travail, et sont mis en graisse après les semailles d'automne. Il a toujours une trentaine de vaches laitières qui restent, pendant toute la bonne saison, dans les herbages. Il fait du beurre, mais pas de fromage; il engraisse des cochons anglais avec le petit-lait et le bat-beurre. Ses truies et les jeunes cochons sont lâchés dans les cours de ferme, et sont employés souvent à pâturer les froments qui poussent trop vigoureusement au printemps, quoiqu'ils viennent après des racines. Il dit que la moyenne des récoltes de froment et seigle sur plusieurs années se monte à 50 hectolitres. Il s'est décidé nouvellement à remplacer une partie de ses seigles par de l'escourgeon, qui produit 40 et même 50 hectolitres, et qui, étant plus précoce, lui permettra de faire une partie de ses navets plus tôt, car il regrette d'être forcé de les arracher avant leur maturité, afin de pouvoir défoncer le terrain, en donnant un labour de 55 centimètres de profondeur avant l'hiver. Il fait ce labour avec une seule charrue attelée de quatre chevaux et qui a été faite exprès pour cet ouvrage.

M. de Villers n'élève pas de veaux; il a sept poulains de demi-sang, dont il dit avoir un bon débit à quatre ou cinq ans, les vendant depuis 800 à 1,200 fr.

Le produit moyen de ses trente vaches, qui sont presque toutes des hollandaises, est, en beurre, de 110 kilogr.; celles qui en donnent le plus vont à 130 et 140 kilogr.; les meilleures vaches arrivent de 25 à 26 litres de lait. Il dit que ses terres pourraient se louer 100 fr. et les herbages 150 fr. les 87 ares. Il met sur les prés, une fois le foin enlevé, un compost formé de terre de marais ou vases de fossés mêlées d'un peu de fumier; on y ajoute aussi de la marne ou de la chaux. Il arrose encore les prés avec du purin. Il dit n'avoir jamais perdu plus d'une bête par an, depuis les huit années qu'il est propriétaire de cette terre, actuellement si productive, et qui l'était bien peu avant d'être entre ses mains. Il assure son bétail contre l'incendie et non contre la mortalité, car il n'en sent pas l'utilité dans la localité. Il m'a dit avoir annuellement 40,000 fr., les frais de culture déduits, qui servent à lui payer l'intérêt des capitaux employés à l'acquisition, aux améliorations, au cheptel et en capital roulant, enfin à le dédommager des peines et embàrras que donne la direction d'un établissement aussi considérable et si parfaitement conduit.

M. de Villers a construit une fort belle habitation dans la vallée où se trouvent ses riches herbages; vis-à-vis et de l'autre côté de la rivière, se trouvent de charmants coteaux boisés et cultivés en partie. Madame de Villers, qui avait réuni à déjeuner une partie de son voisinage, voulut absolument me retenir malgré mon costume de voyage.

M. de Villers m'a bien fait promettre de revenir chez lui; ce que je ferai assurément, si cela se peut, car cette culture est des plus intéressantes. Il a été en Angleterre et compte y retourner, l'année prochaine, pour visiter la culture de l'Ecosse.

En me rendant de Fauquemont à Aix-la-Chapelle, j'ai eu
de la pluie et j'ai été pris par la nuit, je n'ai donc vu qu'im-
parfaitement une partie du pays que j'ai traversé : il m'a paru
être fertile, mais cultivé encore plus négligemment que
celui que j'avais parcouru la veille.

Les hôtels, en Prusse, sont obligés de suivre un tarif
fixé par l'autorité, afin de ne pouvoir pas trop écorcher les
voyageurs ; on devrait bien adopter cet usage en Hollande.
Je ne suis resté à Aix que jusqu'à neuf heures du matin, mais
j'ai parcouru toute la ville, et suis allé, comme c'était un dimanche, entendre la messe dans la fameuse chapelle. Les
environs de la station du chemin de fer formeront bientôt
le plus beau quartier de la ville : en la quittant pour se rendre
en Belgique, on est remorqué par une machine fixe, qui vous
amène sur une hauteur, en vous faisant franchir une pente
de 1 mètre sur 36. La montée d'Etampes m'a paru aussi roide,
et on la parcourt en doublant les locomotives. Le voyage
que j'ai fait ce matin, pour aller jusqu'à la première station
après Verviers, m'a fait parcourir une petite Suisse ; on passe
sous vingt-deux tunnels et sur autant de viaducs, en allant
jusqu'à Liége. Je me suis arrêté à Pépinster, où j'ai trouvé
un omnibus qui m'a fait parcourir encore 4 lieues dans une
charmante vallée, pour me mener à Spa que je ne connaissais pas.

Je n'ai trouvé de remarquable dans cet endroit, qui a été
si à la mode du temps de l'empire, que sa promenade, qui est
garnie des plus beaux ormes qu'on puisse voir et d'où l'on a
la vue sur un coteau boisé qui porte de fort jolies maisons.
Après avoir parcouru cette petite ville et ses environs immé-
diats, je dînai fort bien et fus coucher dans un gros bourg
nommé Theux, d'où je me rendis le lendemain chez madame
la comtesse de Pinto, dont les fils s'occupent d'agriculture,
et à l'aîné desquels j'avais été présenté à Bruxelles. Ces messieurs étant partis pour la chasse et les dames se trouvant encore dans leurs appartements, je fus me promener dans les
environs du château, qui est dans une charmante position et

entouré d'un fort beau parc. Lorsque je revins, madame de Pinto m'accueillit on ne peut mieux, et, après m'avoir fait déjeuner avec plusieurs belles dames, me proposa de me faire voir la culture de ses fils, ainsi qu'une partie de leurs immenses plantations, qui ont transformé plus de 1,500 hectares de bruyères en beaux bois de pins, de sapins et surtout de mélèzes, qui viennent admirablement dans les sables à fond schisteux. C'est cette excellente espèce de bois, qui fait le fond de leurs plantations; on met des pins silvestres ou d'Ecosse dans les parties les plus ingrates de ces coteaux qui commencent les Ardennes. Madame de Pinto, dont le beau-père était Portugais et général au service de Frédéric le Grand, est restée veuve fort jeune; elle s'est consacrée entièrement à l'éducation de ses trois enfants, et a fait tout ce qui dépendait d'elle, pour donner à ses fils le goût de l'agriculture, ce à quoi elle a fort bien réussi, car ces messieurs paraissent y être fort entendus; ils sont allés tous deux en Angleterre, et ce voyage ne leur a pas été inutile.

Ces messieurs ont une belle culture, à la tête de laquelle se trouve un homme qui a été formé par M. d'Omalius qu'il a servi pendant onze ans : il est depuis huit ans chez madame de Pinto; il est marié, a six ou sept enfants, et gagne, avec sa femme, 400 francs. J'ai vu des champs considérables de fort belles carottes en lignes séparées par 56 centimètres, un champ de pommes de terre donnant une faible récolte, un champ de disettes moins belles que celles de M. de Woelmont, de beaux rutabagas semés en avril et de superbes navets hybrides de couleur jaune. Ces semences, qui sont venues d'Angleterre, lui ont été envoyées par le gouvernement. MM. de Pinto font faire beaucoup de rigoles couvertes dans lesquelles on met 70 centimètres de grosses pierres; elles servent à emmener les eaux d'une quantité de fausses sources qui se trouvent en abondance dans ce pays de coteaux élevés et très-rapprochés; mais on voit encore bien des places humides dans ces champs, qui auraient besoin d'un assainissement complet à l'anglaise. On a dans cette ferme huit chevaux de travail pour une culture de 87 hectares ; mais ils ont fort à faire pour transporter les fumiers à de grandes distances et ramener les racines, pour lesquelles ils ne peuvent faire que quatre voyages par jour. Ces messieurs ont construit deux citernes à purin qui peuvent contenir 500 hectolitres de liquide ; elles ont coûté environ 1,000 francs à établir. Pour ne pas perdre de temps en remplissant les tonneaux montés sur roues qui servent à l'arrosage des champs, la pompe a été placée dans un grenier qui est rapproché de la citerne ; on a placé dans le même grenier une cuve cerclée en fer qui contient plus de liquide que le tonneau d'arrosement. Comme on arrose les champs couverts de plantes par un temps pluvieux, de crainte de les brûler, il se trouve que l'homme qui pompe dans le grenier y est mieux que dans la cour. Quand la cuve est pleine, il ne faut que quelques minutes pour remplir, avec son contenu, le tonneau qui doit le transporter sur les champs, et, quand il est parti, le pompier se trouve avoir le temps de remplir la cuve avant que le tonneau ne soit revenu, car il faut assez longtemps pour pomper de 8 à 10 hectolitres de purin.

On a, dans la ferme, des cochons provenant d'un verrat du comté de Norfolk, qui est de couleur blanche, avec une truie des Ardennes de même pelage. Ces produits, âgés de dix-huit mois, sont fort beaux et très-gras. On m'a assuré qu'ils n'avaient pour toute nourriture que du trèfle vert en été, des pommes de terre en hiver, et une boisson composée de farine de déchets de grains et d'eau. MM. de Pinto, qui sont de grands chasseurs à courre, élèvent leurs poulains dans des boxes, sans les laisser sortir, jusqu'au moment de les dresser, ce qui se fait lorsqu'ils ont trois ans. Après les avoir sevrés, on leur donne, pendant quelque temps, un peu de lait écrémé étant doux ; on commence par leur donner une demi-ration d'avoine, et on l'augmente à mesure qu'ils grandissent. Madame de Pinto est infatigable, car elle a employé une bonne partie de la journée à me faire parcourir sa grande propriété. Nous avons vu d'immenses bruyères appartenant à des communes; partie de ces communaux seraient très-bons à défricher. On a, dans ce pays, de la marne et du fort beau marbre qui donne de la chaux ayant l'inconvénient de fuser de suite en sortant du four; mais, pour les terres, cela ne serait pas mauvais, à condition de l'employer de suite. On voit des champs, au milieu de ces bruyères, qui ont été défrichés par les habitants du voisinage. Ceux-ci peuvent écobuer, cultiver pendant deux ou trois ans, puis abandonner ces défrichements pour en recommencer ailleurs, le tout sans payer de loyer. Il y en a qui s'y construisent des habitations; on y voit aussi des espèces de loges qui n'ont que 3 ou 4 mètres en carré. J'en ai visité une qui, du reste, était bien construite et avait une excellente couverture en chaume : elle était habitée par un homme et son fils, qui n'avaient, ni l'un ni l'autre, de femme; leur unique société était une poule et un chat. Ils avaient un jardin entouré d'une haie d'aubépine et plusieurs champs cultivés autour du jardin. Ils se tiennent au rez-de-chaussée et couchent au grenier, qui est chaud, m'a-t-on dit, à cause de l'épaisse couverture en paille. Ils avaient l'air de se trouver très-satisfaits de leur sort.

M. de Pinto a acheté la charrue à sous-sol que M. d'Omalius avait exposée à Bruxelles; il est fort content des instruments d'agriculture provenant de la même fabrique et les a tous. MM. les chasseurs sont rentrés le soir ayant tué beaucoup de gibier; un deux avait sept lièvres pour sa part. Il y a eu un fort beau dîner de vingt couverts, après lequel on a fait de la musique excellente, et puis on a dansé, car il y avait un assez grand nombre de jeunes et jolies dames ou demoiselles. Madame la comtesse de Pinto, après m'avoir comblé de bontés, m'a renvoyé à la station du chemin de fer, d'où je me suis rendu au château de M. de Montureux, mon neveu, qui demeure à 1 lieue de Verviers. Il était absent ainsi que sa femme, mais j'ai été le rejoindre chez M. de Reulle, son beau-père, qui habite à 5 lieues de là, au milieu du pays de Herf. Ce pays n'a presque que des herbages, et peu ou même pas de culture, qui, au reste, y est très-imparfaite; aussi les propriétaires font-ils très-sagement en transformant le plus possible les terres en herbages, qui paraissent être très-productifs. On les loue depuis 100 francs à 150 francs la mesure de 87 ares. M. de Reulle a là 437 hectares, qu'il administre à merveille. Les terres labourables, qui sont assez difficiles à labourer, et qui contiennent des cailloux, ne sont louées que de 50 à 60 francs la même mesure. On entretient, dans les fermes qui sont tout en herbages, une vache par 87 ares ; elles donnent en moyenne, dans les fermes où l'on fait du beurre, 200 francs de produit. On engraisse deux vaches sur 87 ares, sur lesquelles on a 100 francs par tête de plus qu'elles n'ont coûté.

Presque toutes les fermes du pays de Herf sont bien bâties et très-considérables en bâtiments pour la petite quantité d'herbages ou terres labourables qui y sont attachés. M. de Reulle m'a dit employer, chaque année, de 3,000 à 3,500 fr. en réparations des bâtiments de ferme existant sur ses deux propriétés, qui ont une étendue de 400 hectares, sans y comprendre les bois. Ce pays est fort élevé au-dessus du niveau de la mer, et, par conséquent, fortement exposé aux vents. On y fait du beurre exquis et des petits fromages carrés, portant le nom de ce pays, qui sont excellents lorsqu'ils ont été faits avec du lait non écrémé. Un cultivateur fort intelligent de ces environs, dont les parents possèdent 80 boniers de 87 ares, m'a dit que pour avoir de très-bons herbages il faudrait les rompre tous les vingt ans, les cultiver pendant trois ans, durant lesquels ils doivent être chaulés, et puis les rétablir en herbage.

J'ai quitté ce charmant pays après y avoir passé plusieurs jours, d'une manière fort agréable, en famille, pour me rendre à Liége, ville considérable et très-industrielle. J'ai obtenu, avec la recommandation de la sœur de madame de Pinto, la permission de visiter la célèbre forge de Seraing, où l'on employait plus de cinq mille ouvriers ; il n'en reste guère que trois mille dans ce moment. On y a fabriqué soixante locomotives par an, tant pour la Belgique que pour l'Allemagne et la Pologne. Il se trouve, dans ce bel établissement, vingt machines à vapeur et six hauts fourneaux.

Je me suis rendu, le 29 octobre, chez M. d'Omalius, à Anthine, à environ 35 kilomètres de Liége. Il était allé visiter, avec le ministre, les grands travaux de canalisation que le gouvernement belge fait exécuter pour amener l'amélioration de la Campine, tant pour faciliter l'approche des engrais, de la marne et de la chaux, qui manquent absolument à cette immense étendue de mauvaises terres, que pour y donner la possibilité d'établir des prés irrigués.

Le mauvais temps qu'il faisait lorsque je me suis trouvé dans les environs d'Anvers, et aussi dans ceux de Hasselt, ainsi que l'époque avancée de l'année, m'ont empêché d'aller les visiter, ce que je pense faire dans le courant de l'année 1849, si rien ne s'y oppose. Un des trois fils de M. d'Omalius se trouve attaché, comme ingénieur agricole, à ces travaux, qui doivent rendre à la vie la Campine, qui m'a paru, lorsque je l'ai visitée en 1839, être encore moins fertile que la Sologne et les landes de Bordeaux, et dans laquelle on voit cependant, sur de petites fermes qui se trouvent éparses sur son étendue, des récoltes magnifiques dues d'abord au défoncement, à 66 centimètres de profondeur, de ce sol léger, rendu humide et improductif par une couche compacte de sable ferrugineux, qui se trouve ordinairement à une profondeur de 30 et quelques centimètres ; ensuite à l'intelligence et à l'activité des habitants, qui ne laissent jamais sortir leur bétail des étables, afin de n'en pas perdre le fumier, bétail nourri le mieux possible au moyen de trèfle, spergule, navets, pommes de terre et tourteaux. Il occupe des étables qui ont été creusées de 1 mètre ; on met dans le fond une couche de gazons minces enlevés dans les bruyères ; ils y servent de principale litière ; on y ajoute chaque jour ce qu'il faut de gazon pour empêcher le bétail d'être dans la boue. On n'enlève ce fumier que lorsque le creux de l'étable se trouve complétement rempli et que les gazons ont été bien imprégnés d'urine et de bouse de vache. C'est avec ces soins et une excellente culture qu'on fait pro-

duire, à ces terres déshéritées de la nature, d'aussi belles récoltes qu'aux meilleurs sols des Flandres; mais on a seulement
la précaution de n'en cultiver que ce qu'on peut fortement
fumer, très-bien labourer et parfaitement sarcler.

Le gouvernement français s'occupe aussi, en Sologne, de
canaux qui pourront amener la marne, la chaux et des engrais,
et avec les eaux desquels on pourra établir des irrigations
profitables, lorsqu'une fois ce sol, dont le fond est imperméable, aura été drainé et ensuite défoncé de manière à mélanger de l'argile avec le sable maigre qui est à la surface; mais
il faudrait, pour bien faire, que les grands propriétaires de
la Sologne allassent chercher de bons cultivateurs dans la
Campine, qui montreraient aux habitants de la Sologne comment on parvient à faire produire, à ces terres maigres, de
riches récoltes, ce qui, maintenant, ne sera pas très-difficile,
puisqu'on peut se procurer du noir animal et du guano. Ces
engrais, bien employés, produiront des racines et des fourrages avec lesquels on fera beaucoup de fumier, qui, lui-
même, produira des céréales et des litières.

Madame d'Omalius me reçut avec infiniment de bonté;
elle avait connu ma pauvre mère lors de l'émigration. MM. ses
fils ont bien voulu me faire voir leur culture, ainsi que leur
fabrique d'instruments aratoires, qui occupait, avant le mois
de février, une douzaine d'ouvriers; mais les commandes ont
singulièrement diminué depuis cette fatale époque, ils n'ont
plus que six ouvriers de choix. Les instruments sont faits avec
le plus grand soin. J'ai remarqué trois charrues se ressemblant, mais dont la plus grande s'attelle de trois bons chevaux,
la seconde de deux, et la troisième d'un seul ou de deux vaches; j'ai même vu plusieurs petits cultivateurs s'en servir
avec un bœuf de taille moyenne. Leur instrument fait pour
peler les chaumes est une triple charrue à petits socs, dans le
genre de celle de Grignon, qui en a cinq moins forts. Leur
houe à cheval, faite pour cultiver trois lignes à la fois, est
un instrument digne d'être importé. Leurs doubles herses sont
très-bien. Leur laveur de pommes de terre est bien; mais la

vis d'Archimède employée pour laver les racines des sucreries et féculeries, et que j'ai vue aussi dans des fermes, me paraît bien préférable.

Leur lavoir à linge, qui ressemble à une très-grande baratte Valcourt, peut être fort utilement employé : au lieu de contenir à l'intérieur un agitateur, il s'y trouve un tonneau à claire-voie qui contient le linge; ce tonneau intérieur, étant tourné avec rapidité dans l'eau de savon qui remplit à moitié la baratte, lave le linge en peu de minutes. Cet appareil coûte 210 fr. Leur assolement est alterne et d'une durée de huit ans. Ils ont des terres schisteuses, d'autres qui sont calcaires, enfin des terres caillouteuses et brûlantes.

Ils mettent dans leurs terres fortes ou schisteuses, tous les huit ans, 100 hectolitres de chaux sur 87 ares : elle leur revient assez cher, quoiqu'ils la fassent eux-mêmes dans la carrière des pierres calcaires; mais ils ont de si mauvais chemins dans leur pays montueux, que le port de 1,000 kilogr. de charbon de terre ne venant que d'une distance de 20 kilomètres leur revient à 15 fr., pendant que le charbon pris sur place ne coûte que 9 fr. Ils ne font qu'environ 5 hectares et demi de racines, qui sont des disettes, des carottes que j'ai trouvées fort belles, enfin des navets de jachère, car leur climat est trop froid pour pouvoir semer des navets sur éteule de seigle, la moisson étant trop tardive. Ces derniers sont en lignes à 62 centimètres; les lignes de carottes ne sont qu'à 45 centimètres. On ne cultive pas de froment; il est remplacé par de l'épeautre. Le seigle produit, en moyenne, 30 hectolitres par hectare. Le grains du printemps, orge et avoine, arrivent au même produit; ceux-ci viennent après les racines et le trèfle. Ils n'ont que très-peu de prés naturels. Leur bétail se compose d'une douzaine de vaches à lait et des élèves, de huit chevaux parmi lesquels se trouvent des poulains provenant d'un étalon de demi-sang, et de fortes juments flamandes : ils sont contents de ces produits. Ils ont un taureau moitié durham et un troupeau de brebis métis mérinos. Les laboureurs gagnent depuis 175 à 200 fr.;

les journaliers, dont ils se louent infiniment, n'ont que de 70 à 90 centimes ; les femmes, 50 : celles-ci arrachent les carottes et les effeuillent, à condition de pouvoir emporter la moitié des feuilles, avec lesquelles elles nourrissent leurs vaches. Un petit champ de carottes s'est trouvé fortement attaqué de la même maladie que les pommes de terre.

Je suis allé, de chez madame d'Omalius, faire une visite à M. le baron de Waha, au château d'Ouhar, qui est très-près d'Anthine ; j'avais eu l'avantage de faire sa connaissance à Bruxelles. Son habitation est fort agréable. Il est grand planteur de bois et a très-bien réussi sous ce rapport ; il a des pépinières considérables dans ce but. Il ne cultive que 40 boniers de 87 ares, que son fermier avait rebutés ; il a, en outre, 20 boniers de bons prés, qui lui ont fourni les premiers moyens pour améliorer ses terres schisteuses ou caillouteuses ; il défonce celles-ci avec l'excellente charrue à sous-sol de M. d'Omalius ; il les chaule ensuite à raison de douze tombereaux attelés de trois très-gros chevaux par 87 ares, ce qui fait environ 180 hectolitres de chaux par bonier, et il recommence tous les huit ans. Il m'a dit en mettre même quelquefois encore dans le courant de ces huit années. Son assolement est alterne. Le seigle vient après les betteraves, qui ont été fumées à raison de quarante tombereaux attelés de trois chevaux. Le trèfle vient après le seigle, qui a reçu la chaux ; on fume à raison de trente ou quarante tombereaux sur le trèfle, pour l'épeautre, qui est suivi par des carottes ; l'avoine vient ensuite et se trouve remplacée par des vesces et pois fumés, après lesquels on remet encore une récolte de seigle, qui termine ce cours de culture. M. de Waha est grand amateur de chevaux ; il a choisi les plus belles juments flamandes qu'il ait pu trouver, et qui lui sont revenues dans le prix de 1,000 fr. ; il les fait saillir par un étalon trois quarts de sang, ce qui lui donne des juments qui, recevant encore un étalon trois quarts de sang, lui font de beaux poulains qu'il vend fort bien. Il a huit chevaux de travail et neuf poulains, parmi lesquels il y en a de fort beaux ; chacun a sa boxe, où il est en liberté. Il alloue, au poulain qui tette, toute l'avoine qu'il veut manger. Après le sevrage, il les amène graduellement à en consommer de 7 à 8 litres, et leur conserve cette ration jusqu'au moment où ils commencent à travailler. Il leur donne 5 kilogr. de foin coupé, qu'on sale en même temps qu'on le mouille et qu'on laisse ensuite arriver à la fermentation vineuse. Il donne à ces jeunes bêtes depuis 15 à 30 kilogr. de betteraves ou carottes, suivant leur âge et leur taille; ses chevaux adultes en reçoivent jusqu'à 40 kilogr. par vingt-quatre heures, avec du foin coupé, salé et fermenté, et 12 litres d'avoine. On met les poulains du même âge dans de petits enclos pour faire de l'exercice; mais on ne les fait pas sortir lorsqu'il fait trop chaud ou trop froid, ni par le mauvais temps. M. de Waha a cinq belles vaches à lait et cent cinquante moutons à l'engrais.

Je pense qu'il ferait bien d'ajouter, aux engrais qu'il fait chez lui, du guano, qui amènerait ses mauvaises terres, du reste si bien cultivées, à un haut état de production. Madame d'Omalius me donna son jardinier pour guide, en retournant vers la Neuveville, où je devais trouver la diligence qui m'y avait amené la veille; cet homme, connaissant parfaitement les sentiers, me raccourcit ma route de la veille de près de 4 kilomètres.

Il est depuis quatorze ans au service de M. d'Omalius; il se loue on ne peut plus de ses maîtres. Il est nourri et gagne 225 fr. Comme il est marié et se trouve père de trois enfants, dont l'aîné n'a que huit ans, il a loué pour sa famille une mauvaise maison, avec 20 ares d'un terrain peu fertile, pour 75 fr.; ce qui est fort cher. Il a loué de la commune 10 ares d'un terrain de bruyères défrichées, qui se trouve placé sur une côte très en pente et éloignée du village; il en paye 5 fr. Il met 9 ou 10 ares en seigle, autant en carottes et bétteraves; en pommes de terre, de 6 à 7 ares; enfin le reste en jardinage, et principalement en replants de choux et en semenceaux. Il vend des replants et des graines de légumes à peu près pour payer son loyer. Il est parvenu, avec beaucoup de peine, à économiser, depuis neuf ans qu'il est marié, une centaine de francs qui lui ont servi à acheter une vache que l'aîné de ses enfants fait pâturer le long des chemins en la tenant par la corde. Il loue, chaque année, un homme pendant huit jours, qui est employé à faire, dans le bois de la commune, de l'herbe, qu'il apporte sur son dos, près de la maison, où sa femme se charge de la faire faner. Ce peu de foin, la paille de seigle et les racines entretiennent la vache pendant la mauvaise saison. Sa femme bêche les terres, les sarcle, et récolte les moissons ou racines. Il m'a dit que les économies qu'il avait pu faire, étant garçon, avaient servi à se meubler, et que, depuis son mariage, tout ce qu'il gagnait avait de la peine à faire vivre sa petite famille; car, dit-il, les enfants mangent autant que les grandes personnes. MM. d'Omalius m'ont fait, à plusieurs reprises, le plus grand éloge des habitants de leurs environs, qui sont de très-bons ouvriers qui ne se laissent jamais aller à aucune espèce de maraude.

Tous ces braves gens imitent, autant qu'il est en leur pouvoir, la culture de M. d'Omalius, surtout en faisant des carottes et des betteraves pour la nourriture de leurs vaches, dont le nombre a pu, en conséquence, être augmenté de beaucoup; les carottes viennent même dans leurs moins bonnes terres, en ne recevant pas d'engrais.

J'ai vu, dans ces environs, beaucoup de maisons de paysans nouvellement construites, très-bien bâties, couvertes en ardoises, et ayant souvent un premier étage; on en voit d'autres qui sont si petites, que les habitants sont obligés de coucher au grenier, qui est couvert en paille.

La diligence qui devait me conduire à Marche, en Famine, est passée à trois heures; elle contenait M. le Docte, le régisseur de M. Woelmont, qui allait, avec madame sa mère, voir son frère, qui a acheté et cultive, avec un de ses amis, une propriété à 3 lieues de Saint-Hubert, au milieu des Ardennes, propriété qui se nomme Maissin. J'eus donc l'occasion de m'entretenir, pendant quelques heures, de la culture de ces pays, avec une personne qui la connaît fort bien ; car madame le Docte a cultivé , pendant plusieurs années , une grande ferme du Condroz que nous traversions.

Le lendemain matin, je me rendis chez M. le baron Vanderstraaten , au château de Waillet, qui n'est qu'à 1 lieue de Marche. J'avais fait sa connaissance au concours des instruments aratoires, à la ferme de Forêt, près de Bruxelles. Il se trouvait chez lui avec son beau-frère , le comte de Pouillys, habitant du département des Ardennes , en France. Il eut la complaisance de me faire voir en détail les immenses travaux qu'il a opérés en vingt ans.

Tout le territoire de la commune de Waillet appartient à M. Vanderstraaten , sauf une quarantaine d'hectares de bois communaux et une dizaine d'hectares qui sont la propriété des habitants, peu nombreux, qui sont tous occupés par le baron ; il leur permet de faire des écobuages dans ses bruyères, dont ils lui donnent le tiers des récoltes. Sa terre se compose de 900 hectares. Il jouit, par lui-même, de 100 hectares de prés et de 200 hectares de terres labourables, sans compter les bois et bruyères. Tout ce terrain était, il y a vingt ans , une espèce de désert couvert de bruyères, dont on écobuait une partie pour la cultiver pendant une couple d'années, pour ensuite l'abandonner à son malheureux sort, jusqu'à ce qu'un laps de temps plus ou moins long, mais qui n'était pas moindre de quinze ou vingt ans, y eût ramené de la bruyère. Le produit de ces 900 hectares n'était que de 4,000 fr., qui provenaient en grande partie des bois ; ce modeste produit faisait alors tout le revenu de M. Vanderstraaten , qui venait de se marier. Il s'astreignit, pendant les trois premières années , à ne dépenser que 3,600 fr., et à employer 400 fr. en améliorations agricoles ; les trois années suivantes, il se trouva déjà en position de consacrer au moins 1,000 fr. annuellement à perfectionner et à augmenter sa culture. Sa manière de tirer parti de ces bruyères, qui n'avaient que quelques pouces de mauvaises terres, sur un sous-sol composé uniquement de schiste fendu en petits morceaux, a été, après quelques tâtonnements, de faire d'abord des fossés transversalement à la pente, fossés auxquels il donnait une pente suffisante pour écouler les eaux qui y affluent pendant les pluies ou fontes de neiges; il établissait ces larges fossés à des distances suffisantes pour que les sillons de charrues ne fussent pas trop courts; ils avaient pour objet d'empêcher les eaux de raviner les champs, et même de détruire en grande partie les récoltes.

Ces eaux, qui se chargent, dans les champs, de parties fertiles, sont dirigées sur des prés dans les temps convenables aux irrigations, et, dans les autres moments, on les fait couler sur des bruyères, qu'elles améliorent à la longue en y déposant les parties limoneuses dont elles sont chargées.

M. Vanderstraaten a enlevé le long de ces fossés, sur une largeur de 30 à 40 mètres, toute la terre qui se trouvait sur le schiste, qu'il a fait conduire à la brouette pour remplir les creux des champs voisins et les aplanir où cela était nécessaire, le surplus de cette terre servant à augmenter le peu d'épaisseur de la couche labourable, qui, presque partout, se trouve extrêmement mince sur les coteaux qui forment la presque totalité de cette terre. Il a pris une immense quantité de terre, presque toujours argileuse, dans le fond des ravins très-nombreux qui se trouvent sur sa propriété, pour la mettre sur les champs, ou bien pour en former d'immenses composts en y mêlant de la suie, qu'il achète, dans un rayon de 3 lieues, 1 fr. 50 c. l'hectol., et dont il met jusqu'à 80 hectol. dans le compost destiné à 1 hectare; il y a ajouté 180 hectol. de chaux, qui coûte, prise à 6 kilom. de chez lui, 60 c. Il estime que cette somme de 228 fr., dépensée pour achat de suie et chaux, sans compter leur port, se trouve augmentée de 72 fr. par la main-d'œuvre employée à extraire l'argile et les vases qui sortent quelquefois de profonds ravins, de leur mélange avec les engrais, leur chargement et l'épandage; somme à laquelle il faut ajouter le transport des engrais et du compost sur les champs : c'est une amélioration très-coûteuse, mais aussi fort durable.

M. Vanderstraaten dit que le travail qui lui a coûté le plus a été l'assainissement des terres, mais que c'était la chose la plus indispensable, sans laquelle toutes ses autres améliorations eussent été faites à peu près en pure perte, l'eau suintant presque partout à travers les fentes du schiste. Il établit des rigoles parallèles plus ou moins rapprochées, suivant le degré d'humidité ; il les creuse de 1 mètre à 133 centim. ; on met la terre d'un côté et le schiste de l'autre ; quand la fouille est terminée, on la remplit, avec le schiste qui en sort, jusqu'à la hauteur de la couche de terre ; on termine la besogne en remettant la terre à la place d'où elle était sortie ; le plus habituellement, il reste du schiste qui sert à garnir les chemins ou à boucher des fosses. Ces rigoles, qui, le plus souvent, doivent être creusées de 1 mètre dans le schiste, qui est une espèce de pierre feuilletée, coûtent très-cher. Une bonne partie des places auxquelles on a enlevé toute la terre pour améliorer les champs a été défoncée à 66 centimètres de profondeur, ouvrage qui ne peut se faire qu'au pic, et qui lui coûte 50 centimes le mètre carré, ou bien 5,000 fr. l'hectare. On ne fait cet ouvrage que lorsqu'il n'y en a pas d'autre, et afin d'occuper les journaliers de la commune. Ce schiste pur, mais défoncé, est planté en pins, sapins, et même en mélèzes, qui ont l'air de devoir y prospérer.

Il a beaucoup d'avenues, dont plusieurs ont de 3 à 4 kilom. de longueur ; elles sont bordées de trois à quatre rangs d'arbres verts, sur un sol défoncé en partie à 1 mètre ; les jeunes arbres y viennent presque partout fort bien. Ces avenues, dont plusieurs ont de dix à douze ans, remplacent les nombreux chemins qui sillonnaient, sur une grande largeur, toute sa propriété, qui n'était presque qu'une immense bruyère ; il les a tous redressés, leur a donné une longueur d'au moins 8 mètres, de laquelle on a enlevé toute la terre pour améliorer les champs les plus près ; il a fait enlever le schiste des deux côtés du chemin, de manière à le bomber convenablement, ce qui facilite l'écoulement de l'eau ; les côtés du chemin qui sont plantés et qui ont été défoncés ont chacun 5 mètres de large. L'immense quantité de terre transportée sur les champs paraît incroyable ; il y a bien des hectares qui ont reçu chacun plus de 1,000 mètres cubes de terre. Elles produisent maintenant de fort belles récoltes, en recevant, tous les huit ans, une de ces doses du compost que j'ai cité plus haut, ainsi qu'une bonne fumure dans l'intervalle.

M. Vanderstraaten dit que le produit moyen des seigles est de 30 hectolitres ; il n'a fait, jusqu'à cette heure, que de 7 à 8 hectares de froment dans ses meilleurs fonds, qui lui donnent de 20 à 22 hectolitres. Il y a des avoines unilatérales blanches qui arrivent, dans les années humides, jusqu'à 135 centimètres de haut ; il les met dans ses moins bonnes terres : l'avoine rouge est placée dans les meilleures. Il dit que, dans les années sèches et froides, elles ne s'élèvent qu'à 50 centimètres, quoiqu'elles viennent sur un défrichement de pâturage qui a duré trois ou quatre ans, et qui était formé de raygrass d'Angleterre, trèfle blanc et lupuline. Ces herbages sont fauchés une ou deux années, suivant leur abondance, et pâturés le reste du temps.

Ces herbages, ainsi que ces trèfles, ont habituellement plus de 66 centimètres de haut et se fauchent deux fois.

Les betteraves ne réussissent que dans ses meilleures terres ; ses carottes sont très-grosses, mais pas fort longues ; elles réussissent à merveille dans ses terres argileuses, m'a-t-il dit.

M. Vanderstraaten a une soixantaine de bêtes à cornes ; ses vaches, aussi de couleur blanche et noire, sont très-belles et m'ont paru être plus grasses que toutes celles que je venais de voir, excepté celles des distilleries ; mais j'ai trouvé les jeunes bêtes en moins bon état que je ne l'eusse désiré ; elles ne sortent pas de l'étable dans la première année, et ne reçoivent pour toute nourriture que du foin. J'ai vu de sept à huit poulains destinés au travail qui sont aussi élevés à l'écurie, mais s'y trouvent attachés ; ils m'ont paru fort bien, mais il y en avait surtout deux de l'année, provenant d'un étalon percheron, qui étaient bien supérieurs aux autres. Il a douze chevaux, mais je ne les ai pas vus, car ils étaient allés chercher de la pierre de taille pour augmenter sa basse-cour. Ce que je n'ai pas approuvé, ce sont d'énormes chariots auxquels il attelle six bœufs ; ils ont des colliers, et ceux de devant sont attelés quatre de front. Madame Vanderstraaten, qui a été fort aimable pour moi, a huit enfants, dont les quatre aînés sont en pension, et les plus jeunes sont de très-beaux enfants on ne peut mieux élevés. M. Vanderstraaten a été parfait pour moi et m'a fortement engagé à revenir dans la belle saison, pour voir ses récoltes sur pied, ce dont j'ai le plus grand désir, car c'est, assurément, la culture la plus extraordinaire que j'aie rencontrée dans tous mes voyages. On ne conçoit pas qu'il soit possible de cultiver avec succès dés terres aussi ingrates et de faire d'aussi grandes améliorations en augmentant sa fortune, ce à quoi il est cependant arrivé par sa grande activité et son bon jugement ; car il m'a dit qu'il avait pu, douze ans après avoir commencé à cultiver, employer, chaque année, une douzaine de mille francs en améliorations agricoles, et à peu près autant dans sa maison, si notablement augmentée par son grand nombre d'enfants. Il m'a encore assuré que tous ces immenses travaux avaient été faits avec de l'argent provenant des améliorations et de la propriété. Il a le projet de planter en bois des bruyères considérables qui se trouvent sur des côtes dont le vallon ne lui appartient pas, ne voulant pas laisser perdre les eaux qui se sont enrichies dans des champs si bien fertilisés. Il se ménage aussi, par ses plantations bien placées, des abris contre les mauvais vents.

Je suis allé coucher le même soir, par une pluie battante et moi quatrième, dans un détestable cabriolet qui est fait pour contenir deux personnes et qui porte les dépêches de Marche à Rochefort. Le lendemain, n'ayant pu me procurer un cabriolet qu'à un prix exorbitant pour me rendre à environ 6 kilomètres, au château de Frandeux, chez M. de Bonhomme, j'ai pris un guide et fait la course à pied. J'ai rencontré ce monsieur dont j'avais fait la connaissance à Bruxelles, avec plusieurs amis et un bel équipage de chasse, qui se dirigeaient vers la forêt que je venais de traverser ; il

me reconduisit à son habitation , où il me remit entre les
mains de son maître valet, en s'excusant beaucoup de ne pouvoir rester avec moi.

Je vis dans ses écuries une belle jument anglaise qui lui a
donné un fort beau cheval entier, deux bons poulains de travail , six chevaux occupés à rentrer de fort belles carottes, avec
lesquelles on formait de grands silos après en avoir rempli
des caves considérables ; ces six chevaux étaient tous attelés à
un chariot pouvant contenir 5 mètres cubes, et se trouvaient
attelés à des traits d'une grande longueur, ce qui doit , je
crois, augmenter de beaucoup la traction. On m'a dit que
M. de Bonhomme a ordinairement un millier de moutons ardennais qu'il engraisse ; il n'a qu'une douzaine de bêtes à
cornes, en y comprenant les veaux : il se trouve dans ce nombre quelques fort belles vaches hollandaises. Il a une terre
fort étendue dans laquelle il n'a pas de fermier, car en dehors
des bois, qui paraissent être considérables, de beaucoup de
prés et de sa culture, qui, d'après les attelages, ne peut être
fort étendue, le reste des terres est traité par l'écobuage. J'en
ai vu cependant qui me paraissaient être fort bonnes ; elles
avaient du fond, et il me semble que c'est dommage de n'en
pas tirer un meilleur parti. Il loue à ses ouvriers de 6 à 7 hectares, je crois, qui lui en donnent le tiers franc, c'est-à-dire
qu'il prend sans fournir de semence, comme loyer, le tiers de
la récolte, tant en grains qu'en paille. Pour les bruyères, il
en loue tant qu'il peut à raison de 120 ou 160 francs , pour
prendre sur 1 hectare deux récoltes au moyen de l'écobuage,
et puis on les abandonne pendant dix ou vingt ans au pâturage, jusqu'à ce qu'elles se soient assez garnies en gazons ou
bruyères pour pouvoir être de nouveau écobuées, et ainsi de
suite. Je pense qu'un bon fermier du nord de l'Écosse qui di-
rigerait une grande ferme des Ardennes rendrait à ce pays un
service signalé en lui apprenant le parti qu'on peut tirer de
terres qu'on condamne, sans de bonnes raisons, à être improductives pendant dix-huit ans sur vingt, car je trouve
celles qui ont du fond bien meilleures que celles que j'ai vues

couvertes de magnifiques récoltes dans les environs d'Aberdeen et même dans le comté de Sutherland, à l'extrémité nord de l'Écosse.

Les journaliers gagnent en hiver 60 centimes, et en été de 90 centimes à 1 fr.; ils peuvent nourrir une couple de vaches au moyen de la vaine pâture, qui est très-étendue, et des écobuages qu'ils font, et qui leur procurent de la paille et des racines. M. de Bonhomme a fait beaucoup de fort belles plantations d'arbres verts, et surtout de mélèzes, qui viennent admirablement dans les climats froids. Il se sert des instruments de M. d'Omalius. Ses gens se plaignent de la charrue, qu'ils accusent de verser mal la terre et de fatiguer beaucoup les attelages. Les charrues généralement employées dans ce pays sont fort bonnes.

Après avoir vu cette culture, où j'ai trouvé les préparations de grains très-belles, je devais retourner sur mes pas pour attendre une diligence qui passe dans Rochefort à minuit; comme je trouvais ce temps mal employé, je me décidai à me rendre à pied au château royal de Haarden, qui est à 15 kilomètres de Frandeux. Le même homme qui m'avait montré la culture devint mon guide; cela me fit voir l'intérieur du pays, qui est montueux, mais beau et fertile pour des terres de montagne. Je vis dans différents endroits des taillis récemment coupés qu'on écobuait ou qui étaient semés en seigle ou épeautre, et cela quelquefois dans des côtes à pente excessivement rapide. Mon guide me dit qu'on les louait, pour une seule récolte, depuis 100 à 200 fr. par hectare. Je ne comprends pas comment une récolte de seigle qui gèle quelquefois peut donner du bénéfice avec un loyer aussi élevé, un travail aussi difficile que celui de l'écobuage à travers les souches, dont on ne doit pas blesser les racines, le recouvrement de la semence, enfin le port des gerbes à bras depuis l'endroit où on les a récoltées jusqu'à celui où les voitures peuvent arriver.

On m'avait dit à Bruxelles que le roi faisait valoir une ferme au château de Haarden, et j'avais remarqué, à l'exposition, des betteraves globes superbes et de fort beaux navets anglais provenant de la ferme royale. Quand j'arrivais à Haarden, après trois bonnes heures de marche, on me dit que le roi ne faisait plus valoir, venant de louer la ferme qu'on exploitait pour son compte. Ne pouvant pas trouver un cabriolet ou une petite charrette pour me rendre à Dinan, je fus encore obligé de marcher pendant plus de trois heures pour y arriver, et, malgré ma fatigue, je fus visiter la ville, qui se trouve adossée contre une roche à pic qui dépasse de beaucoup en hauteur le clocher d'une fort belle église. La Meuse resserre aussi cette ville dans cette vallée étroite. On m'a dit que le roi possédait en propre plusieurs terres considérables dans les Ardennes. Je suis étonné que lui, qui a habité longtemps l'Angleterre et qui doit en avoir admiré l'excellente agriculture, n'ait pas fait venir un bon régisseur, ou bien des fermiers écossais, qui auraient montré aux grands propriétaires des Ardennes comment on pourrait faire produire d'abondantes récoltes à ces terres, dont une partie considérable est bonne, mais bien mal administrée. Ces fermiers eussent importé avec eux des troupeaux cheviots et des vaches d'Angus, ou bien des galloways, qui réussiraient parfaitemement dans ce climat assez sévère et y produiraient beaucoup plus que les races du pays, qui, malgré leur mérite, sont bien loin de valoir les espèces que je viens de citer.

Je me suis rendu de Dinan à Siney, et puis au château de Barsenal, chez M. le baron Van Eyl, qui a épousé une demoiselle de Gourcy, ma cousine. Ils habitent un fort joli pays. Mon cousin cultive fort bien, et il a fait un travail d'amélioration qui surpasse tout ce que j'avais vu jusqu'alors dans mes pérégrinations agricoles. Il a défoncé 5 hectares de terres depuis 4 à 5 pieds de profondeur; c'était un pâturage inégal et stérile, dont le fond n'était composé que de roches et grosses pierres calcaires dont une partie a dû être minée pour pouvoir la réduire et l'extraire. On a fait ce travail en bien des années, dix-sept, je crois; cela a servi à fournir de l'ouvrage aux ouvriers de la ferme dans les moments où il n'y avait pas d'autres travaux. Les pierres, étant calcaires, ont servi à faire de la chaux et pour bâtir ou arranger les chemins; il en est sorti une immense quantité de cette étendue. Voici comme on opérait : on avait d'abord fait une large tranchée dont on extrayait les pierres, qu'on mettait en tas et la terre à côté; une fois arrivé à la profondeur d'environ 4 pieds, qui a servi de niveau pour former la surface du champ, on remit toute la terre extraite, qui s'est trouvée fournir environ 50 centimètres d'épaisseur d'une excellente terre calcaire qui se trouvait avant entre les roches et pierres, et, en continuant ainsi, il est parvenu, avec de la patience, beaucoup de temps et d'argent, à se former d'excellentes terres sur un emplacement qui était un véritable désert peu éloigné du château. La valeur des pierres et celle qu'ont maintenant acquise ces 5 hectares ont surpassé la dépense, tout en permettant de faire une bonne œuvre qui a duré pendant dix-sept ans; il en restait un petit carré à faire tout juste suffisant pour me faire voir la grandeur du travail opéré. M. le baron Van Eyl était, avant le dernier changement du ministère belge, depuis plusieurs années, un des cinq ou six membres nommés par la province de Namur pour assister le gouverneur de la province (place qui équivaut à celle de nos préfets) de leurs conseils. Ces messieurs se réunissent au chef-lieu, chaque semaine, pendant deux ou trois jours.

Après avoir passé vingt-quatre heures dans cette bonne et aimable famille, qui ne voulait pas me laisser partir, je me rendis au château de Myannois, chez le comte Félix de Gourcy, un de mes trois cousins belges. Il était allé à la messe avec ses deux charmantes filles, ce jour étant celui des morts; mais ils rentrèrent peu de temps après mon arrivée. M. de Gourcy possède là une bonne propriété, composée de 500 hectares. Les terres se louent depuis 50 à 50 fr. par hectare. Il a défriché près de 200 hectares de bois qui, ayant été abîmés anciennement par le pâturage, ne produisaient que de 10 à 20 francs par hectare, et qui ont été loués pour douze ans à 40 fr. l'hectare, en laissant l'arrachage à la charge des fermiers. Il remplit les clairières qui se trouvent dans les bois qu'il conserve, en y plantant plusieurs milliers de mélèzes chaque année. Ils viennent ici on ne peut mieux, pendant que les peupliers de Canada y sont presque tous fendus par les fortes gelées d'hiver. Comme mon cousin passe ses hivers à Gand, dans les environs de laquelle ville se trouvent les propriétés de ses quatre enfants, il a cru devoir renoncer à cultiver par lui-même; mais il compte s'y remettre lorsque ses filles seront établies, ce qui sera fort utile, car l'agriculture de cette partie du pays de Namur a beaucoup à gagner à ce qu'on lui donne de bons exemples. Mon cousin m'a conduit chez un M. dé Modâve qui a acheté une terre à quelques lieues de Myannois. C'est un excellent cultivateur, à ce qu'il m'a paru; il était absent, mais madame de Modâve a eu la bonté de me faire voir sa vacherie, qui est des plus remarquables : elle se compose d'un fort beau taureau durham et d'une vingtaine de vaches qui proviennent d'un croisement durham et vaches hollandaises; il y a aussi des bêtes qui ont déjà eu deux fois du sang durham.

Madame de Modâve nous a dit que ces vaches, loin d'être moins bonnes laitières que celles du pays, étaient meilleures; mais il faut ajouter qu'elles sont parfaitement soignées et très-bien nourries. M. de Modâve cultive deux fermes sur terres calcaires; il y obtient de fort belles récoltes, et a beaucoup de terres en carottes, betteraves et prairies artificielles.

J'ai quitté mon cousin, le 4 novembre, pour me rendre à Namur. En se rapprochant de cette ville, on descend beaucoup en venant des Ardennes; on revoit avec plaisir des champs de navets d'éteule, mais pas encore de colzas.

Les maisons, sur la route, sont bien bâties, ont un étage au-dessus du rez-de-chaussée, des croisées et portes peintes, ce qui annonce de l'aisance. Ayant parlé, avec un fermier de ce pays, des bons effets du guano dans la culture, il me pria de lui faire connaître un endroit où il pût s'en procurer pour en essayer. Je ne pus lui indiquer que la maison Jacobs fils, porte d'Etherbeck, à Bruxelles, qui en avait exposé du véritable au concours de cette ville. Un autre marchand exposait du guano moins rouge que celui du Pérou, qu'il vendait aussi 27 fr., et qu'il donnait pour du guano de Valparaiso.

On voit de fort bons chevaux dans le pays de Namur ; la province et le gouvernement se réunissent pour acheter beaucoup d'étalons percherons, car on n'a pas été content des résultats provenus des étalons anglais.

Je suis allé, le 5 novembre matin, chez M. le baron de Mertens, dont j'avais fait la connaissance à Bruxelles : il habite un beau château à environ 3 lieues de Namur ; il cultive en grand des terres qui seront excellentes quand elles auront été drainées ; ce qu'il a compris, car, étant allé en Angleterre il y a deux ans, il en a rapporté une machine à faire des tuyaux, et il a commencé, cette année, à faire des drains. Il a amené chez lui M. Johnston, le chimiste agricole, qui se trouvait au concours de Bruxelles, et qui l'a fortement encouragé à l'assainissement complet de ses terres, qui en ont le plus grand besoin. Il a été élevé en partie en Angleterre, a employé quatre années à parcourir l'Egypte, la Nubie et les Indes orientales. Madame parle l'anglais comme si elle avait été élevée dans la Grande-Bretagne ; elle a trois charmants enfants, auxquels les parents et les bonnes Anglaises ne parlent que cette langue.

M. de Mertens a le projet de travailler à la formation d'une association belge, comme il en existe plusieurs en Angleterre, qui se chargent à forfait du drainage des terres ; il ne voit, dans ce projet, que le moyen de faire connaître et de rendre facile, en Belgique, cette première et immense amélioration agricole, sans laquelle toutes les terres à sous-sol imperméable ne peuvent devenir d'un bon produit, quels que soient les sacrifices qu'on y fasse.

M. de Mertens a maintenant une quarantaine de bêtes à cornes, dont six bœufs à l'engrais, qui sont d'une très-grande taille et ne coûtent cependant que 500 fr. la paire, vingt vaches assez belles, un taureau, et le reste en élèves de différents âges ; le tout de bêtes du pays, excepté un veau croisé durham. Il a 25 hectares de prés et environ 125 hectares de terres, dont une partie se trouve en dehors de son assolement; celui-ci est alterne. Il cultive aussi beaucoup de topinambours; ses betteraves sont fort belles; toutes ses racines ont été faites sur des terres qu'il a fait préalablement défoncer avec une charrue à sous-sol, de Ransom, qui ressemble assez à celle de M. Smith, de Deanston. Cette opération a bien profité aux racines, et les terres défoncées ont l'air d'avoir été bien moins affectées de la forte pluie qui est tombée la nuit précédente que les autres terres, quoique ni les unes ni les autres n'aient encore été drainées. Il faut voir quel effet produira ce défoncement au printemps : si les champs défoncés souffrent, à cette époque, moins que les autres de l'humidité, on pourra en tirer la conséquence que leur perméabilité n'est provenue que par le tassement que les ceps des charrues et les pieds des chevaux ont imprimé depuis des siècles à cette terre; une fois cette petite couche de terre compacte détruite, et le sous-sol étant d'une nature assez perméable, les eaux de pluie ne séjourneront plus à la surface de la terre, et dans ce cas le drainage pourra être regardé comme superflu.

M. de Mertens a fait construire d'immenses citernes à purin. Il va bâtir une grande vacherie, afin de pouvoir doubler le nombre des bêtes à cornes. Il ne s'est encore servi, pour semer ses grains en lignes, que d'un semoir à brouette. Le semoir de M. Claes devra, je pense, lui convenir mieux que tous ceux que j'ai vus sur le continent, sans compter qu'il ne coûte pas moitié du meilleur marché d'entre eux. Une partie de ses semailles de froment ont été détruites par la larve de *l'elater obscurus*, qui commet tant de ravages en Angleterre. Si M. de Mertens avait le gros modèle du rouleau de Croskyll, qui pèse 1,750 kilog., que le sieur Morel, mécanicien à Lens (Pas-de-Calais), établit pour 725 fr., il se serait débarrassé de suite de ce fléau, en roulant, par un temps sec, le champ deux ou trois fois; ou, si l'état d'humidité de la terre ne permettait pas l'emploi du rouleau, une application de 200 kilog. de guano par hectare eût produit le même effet, tout en fertilisant le champ.

M. de Mertens a pris, il y a un an, pour régisseur un élève de l'école d'agriculture wurtembergeoise de Hohenheim; il lui donne 2,000 fr. et le nourrit. Son maître valet, dont la femme tient le ménage, gagne 1,000 fr. par an; il est des environs du château. Les journées les plus élevées sont de 90 centimes, les moins chères sont de 50. M. de Mertens a fixé cinq prix de journée, et punit les journaliers dont il est mécontent en les faisant descendre d'un ou même de deux rangs. Il se loue du résultat de cette organisation.

On occupe, dans cette belle ferme, dix-sept chevaux de travail, parmi lesquels se trouvent de fort belles juments flamandes qui ont coûté de 8 à 900 fr.; on leur donne un étalon de demi-sang. M. de Mertens a, dans ce moment, quatre poulains provenant de ces juments avec un étalon flamand, et le même nombre provenant du croisement : on pourra ainsi se rendre compte de l'avantage de ce changement d'étalon, s'il existe. M. de Mertens a six chevaux de luxe, dont quatre venant d'Angleterre.

Il a fait venir une machine à battre portative de chez M. Ransom, mécanicien à Ipswich, comté de Suffolk. M. de Mertens dit qu'elle ne brise pas la paille, qu'elle n'y laisse pas de grains et qu'elle bat de 10 à 15 hectolitres de froment par heure; elle lui a coûté, rendue chez lui, 1,800 fr.; mais il a obtenu du ministère de ne pas payer le droit d'entrée de cet instrument, comme de tous ceux dont il a importé un exemplaire venant d'Angleterre ou de France. Sa machine à faire des tuyaux, qui fabrique de la très-bonne marchandise, a coûté 375 fr., prise chez M. Ransom; elle est très-solide, mais m'a paru de beaucoup inférieure à plusieurs des vingt machines de cette espèce, que j'ai vues fonctionner, au concours de Northampton, en juillet 1847.

M. de Mertens a, je crois, tous les instruments de culture de M. d'Omalius, et ne leur rend pas justice, je pense, en ne voulant plus les employer; il leur préfère de beaucoup ceux de Dombasle; il a remplacé, pour les labours ordinaires, la charrue de Dombasle par celle de Schwerz, qui est une charrue belge modifiée fort bonne, mais qui n'est pas, suivant moi, aussi bonne que la charrue belge-américaine, surtout si l'on adoptait pour celle-ci les formes de la charrue du maréchal Odeurs, de Marlinne, près Wazemmes, non loin de Louvain, que je ne saurais trop recommander comme la meilleure charrue que je connaisse pour des terres qui ne sont ni très-pierreuses ni très-argileuses.

M. de Mertens arrache ses betteraves et carottes cultivées en lignes avec la charrue de Dombasle, à laquelle on a ôté son versoir, et cela lui économise une grande main-d'œuvre, tout en faisant mieux l'opération.

J'ai vu, dans cette exploitation, de fort beau colza, plante peu cultivée dans ces environs. M. de Mertens a un troupeau de 150 moutons d'Ardennes qui sont à l'engrais, et de beaux cochons de la race du Derbyshire.

Les serres chaudes de ce château sont des plus belles que j'aie vues chez un particulier; le château est tenu sur un grand pied de luxe et de comfort.

Les trois enfants de M. Mertens sont charmants et très-forts; ils ne mangent pas à table; ils sont fort gais, très-bien élevés, et obéissent au premier mot. L'aînée, qui n'a que sept ans, a les plus grandes dispositions pour la musique; elle touche du piano et chante d'une manière très-remarquable pour son âge. On plonge ces beaux enfants, tous les matins, été ou hiver, dans de l'eau froide, et on assure qu'ils n'ont jamais été malades ni enrhumés. M. le comte de Namur, jeune habitant du voisinage, est venu dîner et coucher au château, d'où je ne suis reparti que le lendemain dans une voiture de M. de Mertens, qui m'a promis de venir me voir à Paris, où il passe de temps en temps un hiver, mais où il vient souvent.

Après avoir déjeuné à Namur, j'ai pris un cabriolet pour me rendre au château de Melleroy, chez mon cousin Adolphe de Gourcy. On m'a fait suivre les bords très-pittoresques de la Meuse, jusqu'à 15 kilomètres de Namur, sur la route de

Liége ; on établit un chemin de fer qui doit bientôt réunir ces deux villes. J'ai vu, dans cette course, plusieurs belles habitations , entre autres celle du duc d'Aremberg, à Marche-les-Dames. Celle de mon cousin, qui est à un quart de lieue de la rivière et sur sa rive gauche, est dans un excellent pays ; elle annonce une belle fortune et beaucoup d'ordre. J'ai eu le regret de ne pas le trouver ; mais j'ai été parfaitement accueilli par madame de Gourcy et ma jeune cousine, qui voulaient absolument me retenir jusqu'au retour de MM. de Gourcy père et fils aîné, qui étaient à faire la Saint-Hubert dans les environs de Siney, où mon cousin a de belles propriétés, et d'où il ne devait revenir que le surlendemain. Ma cousine m'a fait bien promettre que , à mon premier voyage en Belgique, je viendrais m'établir pour quelque temps à Melleroy, et que, de là, son mari me conduirait dans les environs pour me faire connaître la Hesbaye, partie de la Belgique que je n'ai fait que traverser ; ces dames étaient occupées à se préparer à la réception d'une trentaine de personnes, qui devaient, quelques jours après, venir faire la Saint-Hubert chez elles.

En retournant à Namur par Varrégrand , je n'avais que 12 kilomètres, qui me firent traverser un pays nouveau pour moi, mais qui m'a paru n'être pas très-avancé en bonne culture.

Je partis, avant le jour, par le chemin de fer de Namur à Bruxelles qui passe par Charleroy ; il traverse bien des fois la Sambre, en coupant autant de fois des coteaux percés par des tunnels. Ce pays m'a paru être d'une très-grande fertilité ; il a, en outre, ses riches mines de houille qui occupent une immense population. Plus on avance vers Bruxelles, plus la culture se perfectionne ; on revoit, avec le plus grand plaisir, les nombreux champs couverts de colzas, navets et carottes. On ne va pas très-vite sur les chemins de fer de Belgique ; étant partis de Namur à six heures , nous n'arrivâmes qu'à dix à l'embarcadère de Bruxelles. J'y rencontrai M. le comte de Bocarmé, que je revenais voir à Bruxelles ; il était allé passer vingt-quatre heures avec sa famille, et nos deux trains s'étaient rejoints à Braine-le-Comte. Il a eu la bonté de se charger de faire passer la relation de mon dernier voyage agricole dans la Grande-Bretagne aux personnes auxquelles je la destinais; on paye 75 centimes de droit d'entrée, en Belgique, par kilogramme de brochures.

Je passai ma soirée avec M. de Bocarmé; il m'a dit, entre autres choses, qu'il avait fait plusieurs hectares de drainage depuis que je l'avais quitté; il en avait déjà assaini 14 hectares, et il comptait pousser vigoureusement cette immense amélioration, dès qu'il serait parvenu à se procurer une bonne machine à faire des tuyaux, ce qui réduit les frais à moitié. La moyenne du produit de ces betteraves sera, cette année, de 45,000 kilog. : elles sont vendues 16 fr. le 1,000, et la pulpe leur est cédée à raison de 5 fr. Il vient de vendre une vache, qui avait coûté 108 fr., 235 fr., après l'avoir bien engraissée.

Je suis parti de Bruxelles, le 8 novembre, à sept heures et demie du matin, pour Gand, d'où je me rendis à Courtrai. La pluie m'ayant pris à mon arrivée dans cette ville, cela me fit renoncer au projet de retourner en France par Ypres, Furnes et Dunkerque. J'ai été enchanté de mon voyage de ce jour, qui m'a fait traverser une des parties les mieux cultivées des Flandres. Un cultivateur aussi zélé que moi a lieu, pendant tout ce voyage, d'être dans l'admiration de cette culture flamande qui fait, des plus mauvais sables qui ne produisent naturellement que de très-mauvais taillis de chêne et de bouleau, ou des bruyères, des terres couvertes, en totalité et sans exception, de magnifiques colzas, de beaux navets, de trèfles rouges ou incarnats, de carottes venues comme les navets, en seconde récolte, enfin de froment et de seigle : il n'y a pas un champ qui ne porte sa récolte, car celles qui doivent être semées au printemps remplaceront les navets, carottes et trèfles incarnats, qui ne sont que des récoltes dérobées; dans des terrains un peu plus consistants, se trouvent encore de fort beaux choux caulets.

Ce sont surtout les environs de Malines, Termonde, Gand

et Courtrai qui m'ont frappé par les soins minutieux qu'on y apporte à la culture des champs, qui est là un véritable jardinage. L'embarcadère de Gand surpasse en luxe tout ceux que j'ai vus.

Pendant ce voyage, j'ai eu l'occasion de m'entretenir avec plusieurs personnes qui cultivent ou du moins s'intéressent à la culture ; parmi elles se trouvait le juge d'instruction de Termonde, dont j'ai oublié le nom ; il m'a dit qu'il avait acheté, il y a environ un an, une terre dans les environs de Bastogne, dans les Ardennes ; qu'il la faisait cultiver pour y faire de grandes améliorations.

Je lui ai parlé des effets merveilleux du noir animal sur les défrichements de bruyères, lorsqu'il est mélangé, à raison de 4 1/2 hectol., avec les semences de froment ou de seigle, grains qu'on sème, en première récolte, sur ce genre de terre, suivant que le fond de bruyère a un peu de consistance ou ne se trouve n'être que du sable, récolte qui produit sur cette terre dont les gazons ne sont pas détruits, mais existent encore à peu près comme ils étaient après le piochage de la bruyère, de 20 à 25 hectolitres de ces céréales, défrichement qui, ne recevant qu'un labour et quelques hersages, avec 4 hectolit. de noir, produit une seconde récolte de froment ou seigle, allant de 30 à 35 hectolitres ; qui, ayant reçu un labour, produit pour troisième récolte une trentaine d'hectolitres de colza, ou bien 6,000 kilog. de vesce par hectare, après une fumure de 3 hectolitres de noir ; enfin une quatrième récolte, produisant une quarantaine d'hectolitres d'avoine, avec 2 hectolitres de ce puissant engrais des terres de bruyères, qui ne produit pas ou du moins fort peu d'effet dans les anciennes terres. Ces résultats ont été obtenus dans des bruyères, en Touraine, dont le fond est meilleur que celui des bruyères que j'ai vues dans la Campine, mais qui m'a paru infiniment inférieur en qualité à beaucoup de bruyères que je venais de voir dans les Ardennes. Il m'a dit qu'il en essayerait l'année prochaine, ainsi que du guano et des tourteaux de colza.

Ce monsieur assure qu'il a un bon fond de terre, et que ce

qui manque à cette propriété pour produire de belles récoltes, ce sont des engrais et une bonne culture.

Je suis arrivé, le 8 novembre, à onze heures, à Courtrai, et je me suis rendu de suite, après avoir déjeuné, chez M. Henri Vanderplancke, dont j'ai déjà parlé. Ses terres sont excellentes, mais humides; il n'a que 5 hectares de prés qui ne fournissent pas de regain, et qui, se trouvant à une grande distance de la ferme, ne peuvent pas même lui servir de pâturages. Son loyer est de 120 fr. les 133 ares; son bail n'est que de neuf ans, dont trois sont déjà écoulés. Son bétail se compose de vingt-quatre bêtes à cornes, dont quatre sont des veaux; ceux-ci ne m'ont pas paru être assez nourris. Les génisses et jeunes vaches sont fort belles, et proviennent d'un taureau durham avec des vaches de race hollandaise. Il a eu, pendant six ans, un taureau de pure race durham provenant d'une importation faite par le gouvernement; maintenant il se sert d'un taureau demi-sang, qui est fort beau : lui en ayant témoigné mon regret, il m'a dit qu'il existait bien, dans le voisinage, un taureau durham appartenant au gouvernement, mais qu'il le trouvait si laid, qu'il préférait le sien. Il est fâcheux qu'il n'ait plus un taureau de pure race; car ce croisement a parfaitement réussi chez lui. Il a cinq chevaux de labour et un poulain qui travaille déjà un peu, quoiqu'il n'ait pas encore deux ans; il a aussi une fort belle jument provenant d'un étalon demi-sang avec une jument flamande.

Voilà donc trente têtes de gros bétail très-bien nourries sur une ferme composée de 30 hectares, dont 5 hectares de prés; ceci mérite d'attirer l'attention des meilleurs fermiers anglais qui n'ont pas une proportion de bétail plus considérable sur une étendue de terre donnée, et qui ont souvent moitié ou trois quarts de la ferme en herbages permanents. Les Ecossais se rapprochent, sous ce rapport, des Flamands. Les vaches de M. Vanderplancke ne sortent de l'étable que pour boire; c'est un jeune homme de dix-huit ans qui les soigne; celles qui sont le plus abondantes en lait en donnent de 20 à 25 litres, ce qui produit 4 livre et demie de beurre; mais ses quatorze vaches à lait n'en donnent, en moyenne, que 7 kilogrammes par jour; plusieurs de ces vaches fournissent du lait jusqu'au moment de vêler, et il vend celles qui restent trois mois sans en fournir. Il élève chez lui ses chevaux et ses vaches; il en a, parmi celles-ci, qu'il pourrait vendre 400 fr. Il achète beaucoup de tourteaux et de drêche pour ses vaches. Il emploie dans ce moment quatorze hommes, tant domestiques que journaliers; on les nourrit tous, ce qui s'évalue à 40 centimes.

Madame Vanderplancke, mère de ce jeune fermier, qui n'est pas marié, se lève, en hiver, à quatre heures, et, en été, à trois heures et demie du matin, pour surveiller et diriger l'intérieur de la ferme. Elle n'a qu'une servante, belle et très-forte fille de campagne, qui ne gagne que 84 fr. par an; mais, comme elle est infatigable et qu'on en est fort content, on lui fait bien des cadeaux, m'a-t-il été dit par madame Vanderplancke.

On engraisse aussi des bêtes à cornes en hiver; mais j'ai oublié d'en demander le nombre. J'ai assisté au dîner des ouvriers de la ferme : il se composait d'une soupe ressemblant à une purée assez limpide; vint ensuite un hochepot, qui était un mélange épais de légumes et viande, qui n'avait pas mauvaise mine du tout. Ces braves gens gagnent, en hiver, 45 centimes, et, en été, 70.

M. Vanderplancke sème lui-même et dresse aussi lui-même ses nombreuses meules, qui sont parfaitement faites; mais je n'en avais pas encore vu qui fussent posées sur un pied aussi étroit en proportion du corps de la meule, ce qui demande une grande adresse pour empêcher qu'elles ne crèvent et qu'elles puissent conserver leur position perpendiculaire; de cette manière, elles forment des espèces de hangars qui servent à abriter une quantité de choses, et principalement des mottes formées avec de la poussière de charbon de terre et de l'argile, qui sont faites très-égales et ressemblant à des briques. Il a essayé du guano déjà depuis trois ans, et en est si content, qu'il va en acheter beaucoup, quoique sa ferme se trouve à la porte d'une assez grande ville.

Il achète aussi du fumier et des tourteaux pour augmenter la masse de ses engrais, car c'est avec ces moyens qu'on obtient des récoltes très-profitables.

M. Vanderplancke faisait, lorsque j'étais chez lui, défoncer jusqu'à 45 centimètres de profondeur un pré inégal qui souffre de l'humidité. On mettait la partie gazonnée dans le fond ; cela était fait à la journée et devait coûter beaucoup. Il n'a cependant plus que six années de bail. Le temps étant pluvieux et les champs très-boueux, je n'ai pu les visiter. M. Vanderplancke se trouvait chargé d'un arbitrage ; tout cela me força d'abréger ma visite, que je compte renouveler et faire bien plus longue l'été prochain, car il y a beaucoup à gagner en visitant un cultivateur aussi capable que lui. Il m'a paru être beaucoup plus instruit que ne le sont ordinairement les fermiers ; il s'exprime et raisonne à merveille, il a une fort belle main et écrit fort bien notre langue, qui n'est cependant pas la sienne. Je pense qu'une ferme-école serait fort bien placée chez lui. Je lui avais parlé, lors de ma première visite, du draining des anglais, qui, d'après ma manière de voir, devrait faire des merveilles dans ses terres ; il me répondit alors qu'il pensait que leurs fossés ouverts, accompagnés du ruchotage entre les planches de moins de 5 mètres de largeur, étaient bien suffisants ; mais ayant lu mon voyage en Angleterre et mes notes sur le drainage pendant l'intervalle de mes deux visites, il me dit qu'il regardait maintenant cette opération comme la plus grande amélioration qu'on pût introduire dans les Flandres.

J'ai écrit, depuis ma visite, plusieurs lettres à M. Vanderplancke, dans lesquelles je lui ai posé beaucoup de questions sur la culture flamande, et il a eu l'extrême complaisance d'y répondre fort en détail, cela en huit pages du plus grand papier à lettre et d'une écriture fine et bien serrée. Il n'a pas encore complété les réponses à toutes mes questions. Je lui avais demandé la permission de publier ses lettres, que je trouvais fort bien écrites et on ne peut plus intéressantes ; mais il n'a pas voulu, par modestie, consentir à ma prière, en m'autorisant, cependant, d'en faire des extraits, qui seront, assurément, beaucoup moins bien que la simple copie de ses lettres.

Première question. Combien faut-il de capital à un fermier flamand pour pouvoir très-bien cultiver? Un fermier, pour pouvoir très-bien cultiver, doit posséder 1,000 francs par hectare, afin de pouvoir être très-bien monté en bétail, acheter tous les engrais qu'il pourra employer profitablement, ne reculer devant aucun des travaux utiles, faire chaque chose à temps et n'être pas forcé de vendre ses récoltes dans des moments peu favorables. On peut ajouter qu'il est agréable pour le propriétaire et le fermier que le loyer arrive à jour fixe. Pour prendre une ferme dans les environs de Courtrai, il faut habituellement à peu près 1,000 francs par bonier de 133 ares, pour payer au fermier sortant tout ce qui garnit la ferme, comme bestiaux, instruments aratoires, fumier et fourrages restants, et les arrière-graisses, c'est-à-dire les engrais enfouis qui n'ont pas encore produit tout leur effet. Il faut qu'il se trouve ensuite avoir encore à sa disposition de quoi payer les travaux et dépenses courantes de l'année, l'achat des engrais, qui devra toujours être plus considérable les premières années d'un bail, les fermiers sortants étant, le plus souvent, disposés à soutirer le plus possible à leurs terres pendant les dernières années de leur jouissance.

Il faut qu'il ait aussi de quoi réparer des pertes de bestiaux ou les suites désastreuses d'une grêle, d'une inondation, etc., choses auxquelles les fermiers ne sont que trop souvent exposés. Je crois cependant que beaucoup de fermiers ne disposent pas d'un capital aussi considérable, et c'est une cause qui fait que bien des fermes sont cultivées moins bien qu'elles pourraient l'être. On voit souvent des personnes qui ont le capital suffisant pour prendre une ferme de 20 hectares en louer une de 50 et même plus ; ensuite, comme les fermes à louer se trouvent être plus rares que les amateurs, on est forcé de prendre ce qui se trouve ; la beauté et la bonté d'une ferme peuvent aussi tenter un fermier et la lui faire louer, malgré qu'elle soit trop considérable pour son capital. Il arrive cependant qu'un fermier intelligent et actif parvient à vaincre la difficulté et finit par faire de bonnes affaires malgré l'imprudence du début. M. Vanderplancke a remis la réponse à la deuxième question à une autre lettre, désirant se consulter à son égard, ainsi qu'à celui de plusieurs autres, avec de ses confrères.

Nous n'avons pas d'assolement fixe : nous avons égard à la disposition et à la qualité de la terre, et je pense qu'il nous serait difficile, sinon impossible, d'observer une règle invariable ; pour vous en donner un exemple, parlons du colza. Il arrive fréquemment qu'on y sème, dans la première quinzaine de mars, des carottes, ou bien on y sème, après avoir récolté le colza, des navets, le plus souvent le froment et l'escourgeon, et, si la terre est très-légère, le seigle vient après le colza, surtout si la terre n'est pas propre, car cela donne le temps de la nettoyer. L'avoine suit ordinairement les carottes ou navets pris en récoltes dérobées.

Le trèfle est presque toujours suivi par le froment, celui-ci par du colza ; la raison en est que le trèfle favorisant, parce qu'il reste au moins dix-huit mois en terre, la multiplication du chiendent, la terre se trouve fort sale après le froment. Le colza, par sa vigueur et ses larges feuilles, étouffe en grande partie cette mauvaise plante, qui, si c'est nécessaire, se trouve entièrement détruite par une demi-jachère, entre la fin de juin et le commencement d'octobre, époque de la récolte du colza et de la semaille du froment. Si la terre souffre trop de l'humidité en hiver, on n'ose pas y mettre de colza , qui en souffre encore davantage que la plupart des autres plantes.

Voici cependant nos assolements les plus suivis ; mais, je le répète, ils sont loin d'être fixes.

		UN AUTRE.	UN TROISIÈME.
1re année.	Lin et carottes,	Lin,	Avoine,
2e —	Froment,	Trèfle,	Lin et carottes,
3e —	Seigle et navets,	Froment,	Froment,
4e —	Avoine,	Colza,	Escourgeon et navets,
5e —	Trèfle,	Froment, seigle ou escourgeon, et ensuite navets ou carottes,	Fèves,
6e —	Froment,	Avoine,	Froment,
7e —	Colza,	Trèfle,	Seigle et navets,
8e —	Froment ou seigle et navets,		
9e —	Pommes de terre ou fèves.	Froment, Colza, ensuite carottes.	Avoine, Trèfle.

Les fumures le plus en usage pour le lin sont les tourteaux de colza, de cameline ou d'œillette : on en met depuis 1,500 à 2,200 kilog. par hectare, suivant l'état de la terre ou l'époque de la semaille ; celle-ci a lieu depuis le commencement de mars jusqu'à la fin de mai : plus tôt on sème, plus il faut d'engrais. Pour semer vers les premiers jours de mars et dans une terre qui, l'année précédente, n'a pas été bien fumée, 2,200 kilog. de tourteaux suffiront à peine, tandis que, pour semer fin de mai et dans une bonne terre, on risque infiniment en mettant beaucoup d'engrais, et il arrive qu'on a du lin tardif sans engrais. Mais, me direz-vous, afin d'économiser l'engrais, j'attendrai, pour semer, la fin de mai. Je vous répondrai que, le plus souvent, j'aurai plus gagné au bout de l'année, après avoir mis 2,200 kilog. de tourteaux par hectare, que si vous les aviez épargnés, en supposant même que votre lin ait été beau. D'abord je pourrai obtenir 5,500 kilog. de lin que je vendrai 32 fr. les 100 kilog., soit 1,760 fr. par hectare (notez bien que ceci est pris dans les conditions les plus favorables, et qu'un produit pareil n'arrive que rarement ; mais enfin nous avons vu cela), tandis que votre lin tardif ne donnera tout au plus que 4,000 kilog. à 15 fr., soit 600 fr. Mes 2,200 kilog. de tourteaux m'auront coûté 308 fr. ; après les avoir défalqués de 1,760 fr., restera 1,452 fr., ou

852 fr. de plus que le lin tardif n'eût produit, sans oublier que la terre qui à du tourteau sera en bien meilleur état que l'autre, car une forte dose de cet engrais se ressent plus de deux ans. Mais ne croyez pas, monsieur, que le lin se trouve être une autre Californie pour le fermier flamand; le résultat que je viens de vous donner n'arrive pas chaque année, loin de là. D'abord il faut que le temps permette de semer en mars et que la terre soit bien ressuyée; que le lin ne soit ni trop clair, ni trop épais, ni trop gras, ni trop maigre; qu'il prenne une bonne couleur jaunâtre; qu'un orage ne le fasse pas verser; qu'il ne soit pas grêlé; qu'il mûrisse bien; enfin qu'il ait un temps favorable pour sécher : alors il peut arriver à valoir 1,760 fr. et même plus; mais ces circonstances favorables ne se trouvent pas réunies une fois en dix ans, c'est pourquoi on ne doit compter, année commune, que sur 800 à 1,000 par hectare, la graine comprise.

En résumé, il est bien plus profitable de semer de bonne heure que tard, pourvu que la terre soit assez sèche; on ne saurait trop faire attention à cette dernière condition.

Il y a quelques années, on semait beaucoup plus de lin qu'aujourd'hui; l'état fâcheux dans lequel se trouve notre industrie linière contribue infiniment à la misère qui règne d'une manière si sévère sur notre pays, et la maladie des pommes de terre aggrave extrêmement cette fâcheuse position pour la classe pauvre.

Après le lin, le froment a besoin d'une fumure ordinaire, ou d'être arrosé avec des vidanges qui coûteront 60 fr. par hectare : l'hectolitre de cet engrais nous revient, avec les frais, à 30 centimes et même plus; il rapportera de 22 à 25 hectol. par hectare, la paille de 00 à 80 fr., au prix d'aujourd'hui.

Si la terre est très-fertile, le seigle pourra venir sans engrais; si elle est médiocre, il faudra pour 50 fr. de vidange. L'avoine qui suit le seigle, et dans laquelle devra être semé du trèfle, a grand besoin d'une forte fumure, qui est principalement destinée pour avoir un bon trèfle; on devra mettre, avant de semer, 90 ou 100 fr. d'urine, et même pour une plus forte somme, si l'on sème de bonne heure. Comme la graine de trèfle doit être semée immédiatement après l'avoine, si l'on attendait, pour répandre l'urine, que le trèfle fût en feuilles, la force de cet engrais le ferait périr, surtout si l'on appliquait ce liquide dans le moment où la rosée se trouve encore attachée après ses feuilles. En voilà bien long sur le lin, vous trouverez peut-être, monsieur, que j'en ai trop dit sur son compte; mais j'ai cru devoir le faire, parce qu'il forme une partie essentielle de notre culture.

On met ordinairement de 110 à 120 hectolitres de cendre sur chaque hectare de trèfle, ou bien on lui applique des balayures de grange qu'on avait d'avance mélangées avec de la chaux; ce qui doit détruire le germe des graines de mauvaises herbes : la chaux entre dans ce compost à raison d'environ 40 hectol. par hectare. Après avoir employé anciennement une quantité considérable de cette dernière dans les terres qui environnent Courtrai, on ne trouve plus qu'elle y fasse un bon effet.

Le froment vient après le trèfle; on lui consacre ordinairement au moins 275 hectol. de vidange, car on désire obtenir une plante épaisse et forte en paille, qui puisse étouffer le chiendent qui s'est multiplié dans le trèfle. Le froment rapportera à peu près autant que celui qui vient après le lin, de 22 à 55 hectol., cela suivant la qualité de la terre, ou bien suivant qu'il aura versé ou non; vient ensuite du colza repiqué après le blé.

Après celui-ci revient le froment, à qui on donne une fumure au moins aussi forte que celle qu'on lui donne après le lin, et il donnera à peu près autant de produit. Si l'on mettait du seigle au lieu de froment, on n'aurait pas besoin de fumer, pour peu que la terre fût bonne, car sans cela il verserait; il donnera de 50 à 40 hectol., et jusqu'à 4,000 kilog. de paille, à raison de 22 fr. 50 c. à 26 fr. le 1,000.

Viennent ensuite les pommes de terre : la maladie qui sévit depuis quatre ans sur cette plante en a de beaucoup di-

minué la culture. On les fume comme on le fait pour le colza ;
on leur donne souvent plus de fumier et moins d'urine, ce
qui occasionne à peu près la même dépense. Elles produisaient,
avant l'invasion de la maladie, depuis 22,000 à 27,000 kilog.
par hectare ; on les vendait 5 fr. 50 c. les 100 kilog. On met
presque toujours du froment après les pommes de terre ; on
lui donne encore la même fumure qu'après le lin ou le colza,
mais son rendement surpasse très-souvent celui des froments
venant après les autres précédents. Après celui-ci, on met du
seigle qui produira environ un quart de moins que lorsqu'il
vient après le colza ; après le seigle, de l'avoine ; et puis l'on
recommence par le lin.

La qualité de la terre entre pour beaucoup dans la suite de
nos récoltes. Nous mettons dans nos terres fortes de l'escourgeon, au lieu de seigle ; le rendement peut en être évalué depuis 25 à 40 hectol. : la paille en est moins pesante et a moins
de valeur. On met aussi dans ce genre de terre des fèves, au
lieu de colza ; leur produit est de 25 à 50 hectol. : on estime
ici beaucoup leur paille comme litière, et cette plante a le mérite de n'être pas épuisante.

Il arrive quelquefois qu'on laboure un trèfle après la première coupe pour semer cette terre en navets, et on leur
donne des arrosages d'urine ou bien on les fume ; et, si la terre
est maigre, on réunit ces deux engrais pour assurer une belle
récolte de navets.

Quant au croisement de nos vaches par des taureaux durhams, je n'ai qu'à m'en louer, et je trouve les produits de cet
accouplement bien supérieurs à leurs mères,

1° Pour la quantité et même la qualité du lait ;

2° Elles ne sont pas plus difficiles sur la qualité de la nourriture, et, quant à la quantité consommée, la différence serait
plutôt en leur faveur ;

5° Elles sont toujours en meilleur état, et leur croissance
ou leur engraissement sont infiniment plus rapides. Les bouchers prétendent que leur chair est moins pesante et moins
fine que celle de l'espèce du furnes-ambacht ; mais l'usage

de ces messieurs, de déprécier ce qu'ils marchandent, est connu.

Le guano, que j'ai mis sur une partie de mes colzas, n'a pas fait jusqu'à ce moment un aussi bon effet que le tourteau qui a été mis sur l'autre partie de ce champ; mais il est juste d'ajouter que cette dernière fumure m'a coûté de 88 à 100 fr. de plus par hectare. Si j'avais mis pour pareille somme de guano, je suis persuadé qu'il l'emporterait de beaucoup sur le tourteau; du reste, le colza au guano a l'air de plus profiter que son concurrent, et, si cela continue, il l'égalera au moment de la moisson.

On peut voir, par les extraits ci-dessus, combien M. Vanderplancke est complaisant et combien il est instruit en bonne culture. Il m'a promis de me faire visiter, cet été, plusieurs des meilleures fermes de ses environs; ces visites, faites avec un cultivateur aussi capable, me fourniront des notes agricoles d'un haut intérêt.

J'ai lu, dans un journal belge, que ce pays contenait deux mille huit cents brasseries, employant 200,000 quintaux métriques d'orge chaque année, dont les résidus équivalent à autant de quintaux de foin que 40,000 hectares peuvent en produire, et qui servent à la nourriture de quinze mille vaches de forte taille.

Il y a ensuite environ mille distilleries qui fabriquent 260,000 hectol. de genièvre ou eau-de-vie de grain, dont les résidus peuvent engraisser vingt-six mille bœufs.

J'ai vu avec regret, dans les Flandres, encore beaucoup de taillis, soit en bois, soit en bordures de champ plus ou moins épaisses, et qui sont, en outre, garnies de têtards de chênes ou de peupliers, dont la présence est bien plus nuisible aux récoltes des champs qu'ils entourent que leur augmentation de valeur annuelle; cela embellit le pays, mais nuit, on ne saurait davantage, à son produit. Le charbon est trop bon marché dans la Belgique pour que le bois de chauffage puisse y avoir une grande valeur; d'un autre côté, la population des Flandres est si exubérante et il existe une si grande misère,

que tout propriétaire qui réfléchit et qui a du cœur doit chercher le moyen d'employer cette main-d'œuvre surabondante,
et qui, par là, arrive à un taux qui ne lui permet pas l'existence, tellement chétive qu'elle soit.

Les défrichements des bois et des haies formées de bois de
chauffage emploieraient beaucoup de bras, tant pour les arracher que pour les cultiver par la suite ; cette culture augmenterait les vivres, qui, dans les mauvaises années, ne peuvent
suffire à la nourriture de cette population toujours croissante.

Une autre manière très-profitable de donner de l'ouvrage
à ceux qui en manquent, c'est d'assainir d'une manière complète toutes les terres dont le sous-sol est imperméable, en
commençant toujours par les terres qui souffrent le plus de
l'humidité. Si on opère bien, on aura des résultats tellement
avantageux, qu'on n'hésitera pas à aller de l'avant, tant qu'on
aura un champ qui ne sera pas parfaitement à l'abri d'une
humidité surabondante.

Voici un exemple entre mille qu'on peut trouver dans les
différents journaux de la Grande-Bretagne. Dans une ferme
des environs d'Aberdeen, en Écosse, le produit brut d'un
champ de 5 hectares fut, pendant la durée de cinq années, de
5,596 fr., avant que ce champ n'eût été drainé ou assaini au
moyen de rigoles couvertes et placées parallèlement dans le
sens de la grande pente, après quoi on passa la charrue à
sous-sol. Les cinq années qui suivirent le drainage donnèrent
un produit brut se montant à 7,742 fr. ; après avoir défalqué
de celui-ci le produit des cinq premières années, il reste une
augmentation de. . . . . 4,346 fr.,
de laquelle ayant soustrait la somme de. . . 2,404
employée à drainer et à sous-soler, il reste un ————
bénéfice net de. . . . . 1,942 fr.,
qui, partagé en cinq années, fait 388 fr. 40 c. par an ; divisé
encore une fois par cinq, cela fera 77 fr. 70 c. pour chaque
hectare. Il faut ajouter que l'assainissement durera on ne
sait pas combien ; mais on en connaît qui datent de plus de
quarante ans et qui sont en parfait état, sans compter que les

frais de culture sont notablement diminués par cette grande amélioration. Il n'y a que bien peu de sols assez stériles pour ne pas indemniser un fermier, dans un bail de dix-huit ans, de la dépense qu'il aurait faite, dans les commencements de ce bail, au drainage de ses terres; mais tout propriétaire de terres humides qui entendra bien ses intérêts fera un arrangement avec ses fermiers, par lequel ils lui payeront un intérêt amortissant des sommes qu'il aura dépensées à assainir les terres humides de leurs fermes; mais, pour les amener à consentir à cet arrangement, il devra leur faire assainir une couple d'hectares dans une pièce humide, ils ne seront alors pas longtemps à se convaincre de l'immense avantage qu'il y aura pour eux à cultiver des terres bien drainées. Il n'y a maintenant pas un fermier dans la Grande-Bretagne qui ne consente volontiers à payer l'intérêt du capital employé au drainage, ou même qui ne fasse tout ce qu'il peut pour décider son propriétaire à entreprendre cette amélioration. Comme il y a beaucoup de terres substituées dans ce pays, il s'y trouve un grand nombre de propriétaires qui ne veulent pas employer une partie de leur revenu à l'amélioration des terres, qui souvent, faute d'héritier mâle, passent dans une autre branche. D'autres, parmi eux, ne sont pas en position de faire une chose qui occasionne toujours une grande dépense; eh bien, beaucoup de fermiers, dans cette position, préfèrent drainer à leur compte plutôt que de continuer la culture des terres humides, comme ils sont convaincus qu'il ne faudra que deux ou trois ans pour les faire rentrer dans cette dépense, et qu'ensuite ils jouiront, pendant le reste de leur bail, d'une grande augmentation de produit avec une moindre dépense de culture.

La saison avancée m'ayant forcé de rentrer en France, j'ai quitté la Belgique avec un vif désir d'y revenir le plus tôt possible, afin d'étudier davantage son excellente agriculture et de revoir les personnes dont j'ai été accueilli avec tant de bonté.

NOTES

EXTRAITES D'UN RAPPORT

FAIT PAR LE COMITÉ D'ASSAINISSEMENT MÉTROPOLITAIN
DE LA VILLE DE LONDRES,

SUR

LA GRANDE UTILITÉ DU DRAINAGE.

L'imperméabilité du sous-sol a les inconvénients suivants :

1° L'excès d'humidité dans le sol est cause de l'humidité dans l'air, et, par suite, des brouillards.

2° L'humidité amène la décomposition de toutes les matières animales ; elle occasionne des odeurs infectes et malsaines pour ceux qui les respirent : en d'autres termes, l'excès de l'humidité corrompt l'air.

3° L'évaporation de l'humidité superflue abaisse la température, amène des gelées, et crée ou aggrave les maux produits par de soudains et fâcheux changements de température qui nuisent infiniment à la santé des hommes et des animaux.

4° Dans les lieux où se trouve une humidité surabondante et qui contient des matières animales ou végétales solubles en suspension, le mal produit à l'état sanitaire est si grave, que le gouvernement doit s'interposer pour parvenir à sa destruction.

Voici les avantages principaux qui seront le résultat de l'assainissement complet :

1° La présence d'une humidité trop grande dans le sol empêche l'air d'y pénétrer et s'oppose à la libre assimilation, par les plantes, des matières nutritives qui servent à leur développement.

2° Lorsque la terre est trop imprégnée d'eau, les matières

fertilisantes qu'on lui consacre pénètrent trop facilement au fond, et sont ainsi mises hors de la portée des racines de la récolte en culture, ou bien l'évaporation emporte une partie des engrais.

Enfin la terre étant saturée d'eau, celle qui vient à tomber, ne pouvant pas s'infiltrer, s'écoule à la surface du champ, en entraînant au dehors les matières fertilisantes qu'elle contenait, et celles dont elle s'est chargée en coulant sur la terre.

5° En prévenant le refroidissement de la terre et ses effets funestes par son assainissement, on améliore aussi la végétation des récoltes, car leurs racines se trouvent dans une terre échauffée par les rayons du soleil, dont l'effet pénètre à une assez grande profondeur, lorsque la terre n'est pas imbibée d'eau.

4° Le drainage facilite la culture de la terre, qui sans lui se trouve, une bonne partie de l'année, trop humide pour être cultivée facilement et avec profit.

5° L'assainissement des terres offre encore un immense avantage par rapport à la santé du bétail, qui, dans les pays humides, souffre, comme les hommes, de rhumes et autres infirmités, qui y est attaqué fréquemment de la pourriture et du typhus.

6° Tous ces inconvénients diminuent infiniment la valeur des terres qui en souffrent.

Comme le public de Londres contribue, par les impôts, à l'entretien de la compagnie chargée de l'établissement des égouts et de leurs réparations, il doit avoir le droit d'obtenir des membres de cette société tous les services qu'ils peuvent lui rendre sans être empêchés de remplir leurs autres devoirs; ainsi ces membres peuvent être consultés sur les opérations d'assainissement de la propriété privée. Les propriétaires pourront aussi se faire délivrer, à des prix modérés, le tracé du cadastre de leurs propriétés.

Toutes les anciennes méthodes employées pour l'assainissement étaient extrêmement imparfaites; non-seulement elles

laissaient le sol imprégné d'eau , mais encore elles contri-
buaient à le dépouiller de ses parties les plus déliées, ainsi
que des engrais qui se trouvaient à sa surface, dont l'eau
s'emparait en coulant sur le champ pour se rendre dans les
ruisseaux voisins. Si l'on employait des engrais pulvérulents
sans les enterrer, la première grande pluie en privait le
champ, dont ils étaient destinés à rétablir la récolte peu
prospère.

La méthode de M. Smith, de Deanston, est de ne laisser aucune rigole ou raie de charrue ouverte sur le champ, afin de
s'opposer, le plus possible, à l'écoulement de l'eau hors du
champ : il désire qu'en s'infiltrant dans le sol, pour arriver aux
rigoles couvertes, elle y dépose non-seulement les parties fertilisantes qu'elle a apportées de l'atmosphère, mais encore
celles dont elle a pu se charger en tombant sur la terre; aussi
sort-elle pure des rigoles bien faites. Pour arriver à son but ,
il ne se servait, dans sa culture, que d'une charrue à versoirs
changeants qui est de son invention, et que M. Wilky,
d'Udingston, près Glascow, a singulièrement perfectionnée.
M. Laurent, de la rue de Lancry, vient d'importer cet excellent
instrument en France; c'est un nouveau service qu'il a rendu
à son pays. L'infiltration de l'eau qui n'enlève plus de parties
fertiles, et la perméabilité de la terre qui la réchauffe, sont
les causes principales de la grande augmentation des récoltes,
qui est le résultat de l'assainissement complet. Le docteur
Shier, qui est l'éditeur de la *Chimie agricole* de Davy, dit,
entre autres choses, qu'avant l'époque où M. Smith, de
Deanston, a fait connaître sa méthode de drainer les terres,
on ne s'occupait généralement que d'évacuer l'eau provenant
des sources, des suintements, enfin des eaux souterraines.
Cette opération ne se faisait que dans des terrains tellement
humides, qu'ils produisaient des joncs et autres plantes
aquatiques. La nouvelle méthode de drainage suffit habituellement à débarrasser la terre de toute humidité, de quelque
provenance qu'elle soit ; c'est-à-dire qu'elle vienne du fond de
la terre, ou bien qu'elle soit le résultat des pluies, auxquelles

l'imperméabilité de la couche inférieure ne permet pas de s'infiltrer dans le sein de la terre. Mais il y a cependant des cas où l'on est forcé, après avoir établi l'assainissement moderne, d'avoir recours à celui qui avait été imaginé par Elkington, qui, après avoir creusé les rigoles plus ou moins profondément, enfonçait dans ces rigoles, de distance en distance, des leviers en fer, ce qui se faisait au moyen de coups de maillet ; on retirait ensuite les leviers, et ces perforations du sous-sol donnaient souvent passage à une nappe d'eau qui gâtait de grandes étendues de terrains, faute de pouvoir s'écouler librement. Les règles à suivre pour la formation de rigoles sont d'abord de les tracer dans la direction de la plus grande pente, de les faire parallèles, d'établir une rigole principale, transversalement, partout où la pente vient à manquer, pour la retrouver où cela se peut ; d'avoir au bas du champ une rigole principale, d'une capacité suffisante pour emmener toute l'eau provenant des rigoles parallèles. Quant à la distance qu'on doit laisser entre les rigoles, elle dépend de la nature du sol et de la profondeur qu'on leur donnera.

M. Smith, de Deanston, avait commencé par donner une profondeur de 66 centimètres à ses rigoles parallèles ; il leur en donne maintenant depuis 1 mètre jusqu'à 1 mètre 16 centimètres. Pour la distance entre les rigoles parallèles, il part de 4 mètres et s'arrête à 12, cela suivant le plus ou moins de perméabilité du sol. Le système de M. Josiah Parkes, qui a été l'ingénieur consultant de la Société royale d'agriculture d'Angleterre, et qui a quitté cette place pour diriger une grande société qui s'est formée pour entreprendre, à forfait, l'assainissement complet des terres, M. Josiah Parkes veut des rigoles d'au moins 1 mètre 50 centimètres, et va jusqu'à 1 mètre 60 centim. de profondeur ; il admet 8 mètres comme la distance la plus rapprochée, et va jusqu'à 24 mètres.

M. Hammond, propriétaire dans le comté de Kent, où le drainage est le mieux entendu, assainissait, dans le principe, avec des rigoles de 65 centimètres de profondeur, séparées par 7 mètres; il a adopté depuis, comme ses voisins qui occupent aussi les terres les plus argileuses qui existent, la profondeur de 1 mètre 50 centimètres, et éloigne les rigoles depuis 10 jusqu'à 16 mètres. Ses premiers drainages lui revenaient, en fabriquant des tuyaux chez lui, à 225 fr. 75 c. par hectare; ceux qu'il fait maintenant lui coûtent 140 fr., et égouttent mieux la terre. Il a pour habitude, lorsqu'il draine des terres très-argileuses et tenaces, de creuser ses rigoles en février; il pose les tuyaux, les recouvre d'argile de manière à empêcher l'infiltration d'eau chargée de sable; il laisse les rigoles ouvertes pendant un ou deux mois, si le temps n'est pas très-pluvieux; cela fait que la terre se fend et permet ainsi plus tôt la complète infiltration de l'eau. Les tuyaux de terre cuite sont ce qu'il y a de mieux et en même temps de moins cher pour mettre au fond des rigoles; leur diamètre, pour rigoles parallèles, doit être de 26 milimètres au moins, et, si les rigoles sont longues, on doit mettre à leur seconde moitié des tuyaux de 55 millimètres. Après avoir posé les tuyaux dans le fond de la rigole, qui, si elle est bien faite, ne doit avoir au fond que juste la largeur nécessaire pour recevoir les tuyaux, on les recouvre soigneusement d'argile assez humide pour qu'elle puisse se tasser sur les tuyaux et empêcher ainsi l'infiltration de l'eau de la surface de la terre à travers la fouille, car elle amènerait dans les tuyaux de l'eau trouble, chargée de boue et de sable, qui les aurait bientôt bouchés; il faut piétiner la terre à mesure qu'on rebouche les rigoles, de manière à y faire rentrer toute la terre sortie de la fouille.

On devra remarquer, pour peu qu'on y fasse attention, que les terres les plus productives sont celles dont le sous-sol est perméable; on augmentera donc, par le drainage, de beaucoup le produit d'une terre qui souffrait, auparavant, de la présence de l'eau. On a remarqué que le sous-sol des terres assainies se trouvait, au bout d'un certain nombre d'années, singulièrement amélioré; ce qui provient de ce que l'air a pu, depuis que l'eau a été éloignée, pénétrer dans la terre et la réchauffer. Lorsque le sous-sol n'est plus imprégné d'eau, les racines des plantes qu'on y cultive y pénètrent plus ou moins profondément et s'y pourrissent à la longue; elles contribuent ainsi à son amélioration. Le même résultat provient aussi de la présence, dans ce sous-sol, d'une multitude de vers de terre qui n'y séjournaient pas lorsqu'il était saturé d'eau. Une fois le sous-sol amélioré par ces divers moyens, on peut le ramener en partie à la surface, avec de fort bons résultats dans bien des terres, surtout lorsqu'il est d'une nature opposée à celui de cette surface. Le produit des récoltes se trouve aussi beaucoup augmenté par la facilité donnée aux plantes d'enfoncer leurs racines à plusieurs pieds de profondeur, tandis que, précédemment, elles ne pouvaient y pénétrer que de 16 à 22 centimètres. La grande amélioration produite par le drainage des terres humides est généralement reconnue dans toute la Grande-Bretagne. Quand le drainage est bien exécuté, il est toujours très-profitable. On a vu, dans bien des parties de ce pays, des terres de bruyères qu'on trouvait trop chères à 15 fr. par hectare être louées facilement de 94 à 125 fr. une fois qu'elles avaient été drainées et défoncées. Dans d'autres lieux, des terres trouvées trop chères à 24 fr. sont arrivées à un loyer de 187 jusqu'à 225 fr. l'hectare.

Une autre preuve bien convaincante de ce que la dépense faite en établissant des assainissements complets bien exécutés est très-profitable, c'est que beaucoup de fermiers ayant des baux de dix-neuf ans, qui n'avaient pu décider leurs propriétaires à se charger de l'exécution de cette immense amélioration, dont ils consentaient à payer un intérêt amortissant, l'ont entreprise à leurs frais.

Les terres argileuses, qui ne pouvaient produire que du grain et des fèves, donnent, après cette opération, de fort belles récoltes de turneps et autres racines, en place de la jachère ruineuse.

Les terres qui souffrent le plus de l'humidité souffrent aussi le plus de la sécheresse; le drainage, en les débarrassant de l'excès de l'humidité, les empêche donc aussi de souffrir autant de la sécheresse. Les champs drainés se cultivent non-seulement plus facilement, mais encore beaucoup plus tôt après la pluie, ce qui permet, au printemps, des semailles bien plus hâtives, et, par conséquent, beaucoup plus abondantes, cela surtout dans les climats où l'on souffre fréquemment des sécheresses dans la belle saison, ce qui empêche très-souvent les grains de printemps d'y prospérer.

Il faut moins d'engrais dans une terre saine que dans celle qui souffre de trop d'humidité.

L'assainissement des herbages humides y fait disparaître les plantes aigres; aussi le bétail préfère-t-il les pâturages assainis à ceux qui ne l'ont pas été.

On a remarqué que, si les plantations d'arbres profitent de 5 pour 100 par an dans une terre humide, elles augmentent de 6 pour 100 dans la même terre une fois qu'elle a été drainée; et si le terrain peut, en outre, être irrigué, l'accroissement annuel pourra arriver à 12 pour 100. Tout terrain qui se fend et durcit outre mesure, pendant les sécheresses, témoigne, par là, du besoin qu'il a d'être drainé. Pour s'assurer de l'utilité du drainage, ainsi que de la profondeur à laquelle il vaudra mieux le faire, il faut creuser, de distance en distance, des trous carrés, juste assez larges pour qu'un homme puisse y travailler, et d'une profondeur de 5 à 7 pieds : on remarquera jusqu'à quelle profondeur les côtés de ces trous laisseront couler de l'eau; cela fera voir à quelle profondeur doivent atteindre les rigoles.

Il existe maintenant un grand nombre de machines à faire des tuyaux et des tuiles, qui sont plus ou moins perfectionnées. Il y a aussi des fours qui sont construits de telle façon, qu'on y emploie la chaleur perdue à faire sécher les tuyaux encore humides; M. Smith, de Deanston, en préconise un qui, dit-il, n'exige que le quart du charbon consommé par les fours ordinaires.

M. Smith ajoute, que lorsqu'on a une bonne machine et qu'on fabrique des tuyaux chez soi, qu'on peut en faire d'un diamètre de 5 pouces, à raison de 7 fr. 50 le millier, si le charbon est d'un prix ordinaire.

Il est question maintenant, en Angleterre, de remplacer les fossés qui bordent les routes par des rigoles couvertes contenant des tuyaux de 2 ou 3 pouces de diamètre. Dans le premier cas il en coûterait 2,400 fr., et dans le second 2,677 fr., par lieue; cette opération non-seulement tiendrait la route sèche, mais assainirait encore les champs longeant la route jusqu'à 10 mètres au moins.

M. Charnock, agriculteur très-distingué, auquel la Société royale d'agriculture d'Angleterre vient d'accorder un prix de 800 fr. pour un mémoire sur la culture du comté d'York, a lu, lors d'une réunion du club des fermiers à York, une notice sur les immenses avantages qui résultent de l'assainissement complet des terres qui souffrent de l'humidité, dont voici quelques extraits :

Combien de milliers d'acres de terre voyons-nous même dans ces environs, dit-il, qui, s'ils étaient drainés au moyen d'une dépense très-modérée, produiraient une augmentation assurée d'au moins 550 litres de froment par acre de 40 ares! J'ai déjà bien souvent regretté de n'avoir pas le capital nécessaire pour entreprendre, à mes risques et périls, l'assainissement de beaucoup de ces terres, ce que je ferais bien et d'une manière durable, en ne demandant pour payement de ma dépense que le produit en sus amené par le drainage dans les deux premières récoltes, et je suis certain que, malgré les embarras et inconvénients, suite inévitable d'un pareil arrangement, j'y ferais de grands profits.

M. Charnock a ensuite entretenu cette nombreuse réunion des grands avantages que l'ouest de l'Angleterre retirait de l'existence d'une société qui s'y est formée pour entreprendre à forfait l'assainissement des propriétés, dont les possesseurs ou les fermiers jouissant de longs baux, qui apprécient l'immense avantage de cultiver des terres saines, la chargent de les débarrasser de la surabondante humidité.

Il a fortement engagé les membres du club de faire ce

qu'ils pourraient pour arriver à la création d'une pareille société dans le nord de l'Angleterre.

Pour faire voir à ses auditeurs combien on commençait à apprécier les grands avantages provenant du drainage, il leur a dit qu'une seule maison de Wakefield, dont l'occupation était la fabrication d'instruments aratoires, et dont le nom est Bradley, avait vendu, dans les trois années qui viennent de s'écouler, plus de cent quarante machines à faire des tuyaux et des tuiles d'assainissement. M. Charnock a dit ensuite qu'il avait été constaté que les parties de l'Angleterre où le drainage est le plus en usage sont devenues infiniment plus salubres, que les fièvres intermittentes en étaient disparues, et que les autres maladies y deviennent plus rares ; il a ajouté que le bétail profitait au moins autant de cette amélioration, et que la pourriture des moutons n'y était presque plus connue. Un autre avantage du drainage, c'est que la plus grande partie de l'argent qu'il coûte est employée en main-d'œuvre. M. Charnock recommande l'emploi des colliers ou manchons, qui réunissent les bouts des petits tuyaux, ou, dans le cas contraire, il conseille d'employer des tuyaux d'un diamètre un peu plus fort, tels que ceux de 1 pouce et quart à 1 pouce et demi.

VISITE

DE

QUELQUES FERMES

DU CENTRE DE LA FRANCE

EN 1848,

PAR M. CONRAD DE GOURCY.

Le 16 juillet, m'étant rendu de la station de Mer, sur le chemin de fer qui va d'Orléans à Blois, à la Blondellerie, qui en est à environ 10 kilomètres, j'ai été fort heureux d'y trouver M. Salvat, fils aîné du membre de l'Assemblée nationale de ce nom; il cultive, d'une manière très-remarquable, une partie de cette terre qui lui appartient, et je pense que les cultivateurs de fermes en terres légères auraient beaucoup à gagner de voir comment ce jeune cultivateur tire parti d'une propriété située en pleine Sologne : ils y verraient un bétail admirable, provenant du croisement de vaches bretonnes bien choisies avec un fort beau taureau durham ; une culture de racines et surtout de Choux cavaliers bien entendue et sans laquelle cette vacherie remarquable n'existerait pas. Ce beau bétail est complétement nourri à l'étable ; on n'enlève le fumier que tous les quinze jours ; mais on lui fournit une litière abondante qui le tient fort propre.

Les récoltes de grains que j'ai vues étaient infiniment plus belles que celles de la partie de la Beauce qui est traversée par le chemin de fer.

Il a de fort beaux Froments dans les terres qu'il a marnées ou chaulées ; il emploie avec le plus grand succès du guano du Pérou, cela depuis cinq ans ; c'est chez lui que j'ai appris à connaître la maison de commerce Maës, de Nantes, d'où il a tiré ce guano, qu'il a eu toujours parfaitement pur et au prix de 25 fr. les 100 kilog.

M. Salvat le père, qui est le président de la Société d'agriculture de Blois, a donné, le premier, dans le centre de la France, l'exemple de l'emploi de cet excellent engrais qui, dans la plupart des localités agricoles, se trouve en même temps le moins cher de ceux qu'on peut acheter.

Il a fait d'immenses semis de Pins maritimes dont il tire un fort bon parti en les vendant, à l'âge de huit à neuf ans, aux vignerons des bords de la Loire, qui font, avec les tiges des jeunes Pins, des échalas, de la litière pour leurs vaches avec les menues branches, et se chauffent avec le reste. De cette manière, les plus mauvais sables lui produisent de 20 à 25 fr. par an, tout en s'améliorant ; car les feuilles des Pins ainsi que les menues branches qui tombent sur le sol s'y pourrissent et servent à le fertiliser. La coupe enlevée, il laisse le terrain une couple d'années en pâturages à moutons ; cela donne le temps aux souches de pourrir et lui permet ensuite de labourer sans les faire arracher à la main, ce qui eût coûté assez cher : il ressème sur ce labour après avoir laissé la terre bien se tasser. Un nouveau bois de Pins, deux ou trois semis de Pins successifs l'auront assez fertilisée pour pouvoir ensuite la cultiver avec bénéfice.

Après avoir fait un fort bon dîner avec ce jeune et charmant couple tout nouvellement marié, je remontai dans mon cabriolet de louage pour aller coucher chez le frère cadet de M. Gustave Salvat, qui est propriétaire du beau château de Nozieu, situé dans la fertile vallée de la Loire. Ici les terres ont été estimées 6,000 fr. l'hectare, et il y en a qui se louent jusqu'à 200 fr., et les moins bonnes 100 fr., tandis que celles que je venais de parcourir et dont les récoltes m'avaient fait tant de plaisir à voir n'ont été portées qu'à 600 fr. Je suis arrivé fort tard à Nozieu, et son jeune maître, marié le même jour que son aîné, ne put me faire voir sa riche culture que le lendemain. Les Chanvres, faits sur les bonnes terres, mais qui venaient d'être retirées des mains des petits cultivateurs, qui sont principalement vignerons, étaient de toute beauté ; ils étaient faits à moitié par ces vignerons et de la manière suivante : M. Salvat fournit la terre et l'engrais qui, cette année, avait été de 1,000 kilog. de guano coûtant, rendu, 300 fr. pour chaque hectare. Le vigneron s'engage à payer la moitié de l'engrais sur sa part de récolte ; il bêche le terrain en y enfonçant une bêche neuve de toute sa longueur ; il sème la graine de Chanvre, dont chacun fournit sa moitié ; il récolte la plante et la lie en bottes qui sont ensuite partagées, et de cette manière le propriétaire obtient un loyer fort élevé de sa terre tout en l'améliorant, et le cultivateur un salaire fort avantageux de ses travaux.

M. Salvat ne compte mettre que 500 kilog. de guano lorsqu'on ressèmera du Chanvre, sur un champ qui aura eu une première fumure de 1,000 kilog. ; il est persuadé que ce sera bien suffisant, et alors le Froment qu'il sème après le Chanvre ne sera plus sujet à verser, comme cela est arrivé après cette forte dose de ce merveilleux engrais.

Il fait encore planter des Choux cavaliers et moelliers : ses Betteraves, repiquées dans un champ qui venait de produire une superbe récolte de Trèfle incarnat, étaient déjà parfaitement reprises et promettaient, par la vigueur de leurs feuilles, une fort belle récolte. Il avait un beau champ de Carottes blanches et de superbes Pommes de terre auxquelles je n'avais qu'un reproche à faire, celui d'être trop espacées.

Il a semé dans ses moins bonnes terres un mélange de Luzerne, Raygrass d'Italie et Chicorée, en leur donnant 300 kilog. de guano. Je pense qu'il eût mieux fait de donner à ces terres, qui sortent aussi des mains de petits fermiers, une jachère complète, pour bien les nettoyer, de les défoncer à 18 pouces au moins, de leur consacrer de 500 à 1,000 kilog. de guano, et puis de les semer en Luzerne sans mélange.

Ce fourrage mélangé n'en est pas moins fort abondant; mais il ne durera pas longtemps, car le Raygrass d'Italie viendra à manquer, la Luzerne sera trop claire, enfin la Chicorée sera très-difficile à détruire une fois qu'on défrichera cette prairie artificielle.

M. Salvat a une étable composée de vingt-quatre vaches, qui est assurément des plus remarquables : elle se compose d'une douzaine de bêtes de pure race durham qui sont fort belles et en parfait état, de plusieurs taureaux de cette race, d'une demi-douzaine de vaches hollandaises ou provenant d'un croisement entre cette race et un taureau durham; enfin d'une autre demi-douzaine de très-belles vaches, filles d'un durham avec des vaches bretonnes; il a aussi des élèves qui ont eu déjà trois fois du sang durham. Il voulait vendre un taureau de trois ans 800 fr., et un autre âgé de huit mois, 200 fr.

Le beurre qu'on fait dans cette ferme si intéressante est assurément des meilleurs qu'on puisse manger. Après m'avoir fait déjeuner à merveille avec sa charmante femme, M. Salvat eut la bonté de me conduire à Blois, ce qui me permit de causer plus longtemps avec lui; il m'apprit que les jardiniers de Blois avaient acheté, pour un assez grand nombre d'années, les eaux de gaz, qu'ils emploient principalement à faire venir des Melons.

Il m'a dit aussi qu'un bourrelier de Blois vendait des os brûlés; mais il n'a pu m'en faire connaître le prix.

Nous avons été, mon frère et moi, déjeuner chez M. Laveau, excellent cultivateur des environs de Meaux, qui a loué, il y a près de vingt ans, à Argy, près Buzançais (Indre), une ferme d'à peu près 200 hectares, dont la plus grande partie était en Bruyères qu'il a toutes transformées en excellentes terres sur lesquelles on voit, tous les ans, 75 hectares de superbe Froment de Bergues et 25 hectares de Froment de mars.

Comme je lui fais depuis fort longtemps une visite chaque année, je puis dire qu'il arrange si bien ses terres, qu'elles amènent toujours de très-belles récoltes. En 1846, année qui nous a amené la disette, ses Froments d'hiver lui ont donné une moyenne de 28 hectolitres; mais ceux de mars ont eu tant à souffrir de l'extrême sécheresse, qu'ils ont produit beaucoup moins qu'à l'ordinaire.

Cette année, il a 60 hectares de Froment d'hiver, 10 de Seigle, 30 de Froment de mars, le tout très-beau; il a une étendue fort considérable en Luzerne et en Trèfle qui sont admirables, 12 hectares de Betteraves très-bien plantées et de fort belles Avoines.

Ce qui le met à même d'obtenir d'aussi belles récoltes sur une aussi grande étendue, car il a ajouté depuis une cinquantaine d'hectares qu'il a acquis, c'est de se trouver à portée d'une immense Bruyère communale qui existe à environ 8 kilomètres de sa ferme et dans laquelle il fait faucher une grande quantité de Bruyère qui, lorsqu'il ne faisait pas assez de grain pour fournir ses nombreux animaux de litière de paille, la remplaçait, du moins en partie; maintenant qu'il en a une grande quantité, il l'emploie seulement comme suit : lorsqu'on commence à former un tas de fumier, il met d'abord une épaisseur de 1 mètre de Bruyère qu'on recouvre d'une couche de fumier sur laquelle on met encore une couche de Bruyère de même épaisseur; il arrose le tout avec un lait de chaux qui doit contenir 2 hectolitres de chaux dans assez d'eau pour pouvoir bien humecter 750 kilog. de Bruyère, sans compter le fumier qui s'y trouve mêlé. Il forme ainsi d'énormes tas d'engrais dans lesquels on perce, au moyen d'un levier long, lourd et pointu par un bout, des trous qui servent à l'absorption de l'eau de chaux dont ils doivent être abreuvés de temps à autre. Quand ils sont assez décomposés, il en met

50 mètres cubes par hectare, aussi bien pour les céréales que pour les récoltes sarclées, et obtient ainsi de magnifiques récoltes de tout genre.

Les deux frères de M. Laveau se trouvaient chez lui : l'un des deux cultive une superbe ferme près Claye, dans les meilleures terres de l'Ile-de-France; il nous a dit qu'il comptait, cette année, sur une moyenne de 36 hectolitres en Froment, et qu'il en avait récolté, une année, 50 hecto-litres par hectare. M. Laveau a de fort beaux chevaux croi-sés, percherons et poitevins; il en est extrêmement content. Peu de temps après notre passage chez lui, il a eu le mal-heur d'avoir une étendue considérable de beaux bâtiments, construits par lui, d'incendiés, ainsi qu'une quantité fort considérable de fourrages qui remplissaient les greniers. Son frère, le négociant à la Villette, a acheté une ferme du voisinage qu'il lui a louée.

En revenant de chez M. Laveau, je me suis arrêté près de Saint-Aignan-sur-Cher, afin de faire une visite à M. du Quesnoy, un ancien habitant de Metz, qui a acheté, il y a une douzaine d'années, une terre près de cette ville. Cette propriété était fort ingrate lorsqu'il en fit l'acquisition, et il en tire, avec son excellente culture, un fort bon parti. Son assolement est quatriennal et de 15 hectares par sole; il commence par des Pommes de terre, qu'il distille et dont les résidus servent à engraisser, chaque hiver, une quarantaine de bœufs. Il ne plante maintenant plus que l'espèce Shaw; car elle n'a jamais été atteinte de la maladie chez lui, pen-dant que toutes les autres variétés employées dans cette cul-ture de 15 hectares de Pommes de terre en ont été plus ou moins abîmées. Les Shaws ne donnent pas tout à fait au-tant que les Patraques jaunes, mais elles fournissent, sur une étendue donnée, plus d'alcool; elles sont excellentes pour la table, et ainsi des meilleures pour le bétail. Ses champs de Pommes de terre sont parfaitement sarclés et cul-tivés; il sème du Froment après les Pommes de terre, sans lui donner une fumure quelconque, aussi n'obtient-il qu'une douzaine d'hectolitres. Je lui ai dit que j'étais persuadé que, s'il employait, au printemps, sur ses Froments, de 200 à 300 kilog. de bon guano du Pérou, pris à Nantes, au prix de 25 fr. les 100 kilog., et dont le port augmenterait chaque quintal métrique de 3 fr., il obtiendrait, avec une dépense de 80 fr., au moins 10 hectolitres de Froment de plus, ce qui lui donnerait un bon bénéfice après avoir fait rentrer la mise hors et son intérêt, sans compter que la récolte suivante en profiterait beaucoup. Il m'a promis de l'essayer, et je suis certain que, s'il le fait, il ne m'en fera pas de reproche.

La troisième sole est moitié en Trèfle, et le reste en un mélange composé de Pois, Vesces, Sarrasin, Moutarde blanche, Millet ou Moha; il lui donne une demi-fumure composée de 12 mètres cubes de fumier; il fait de l'Avoine pour quatrième sole. Je pense qu'il ferait bien de remplacer l'Avoine par du Seigle, qui lui donnerait de meilleures récoltes. Le grain, quand il n'aurait pas une valeur raisonnable, servirait à la distillerie et augmenterait ainsi la masse d'engrais. Je trouve que, dans un pays où l'on souffre si souvent et si fortement de la sécheresse que dans le centre de la France, on devrait éviter, autant que possible, les grains de printemps, qu'on est toujours forcé de semer fort tard dans ces terres à soussol imperméable : la difficulté serait de pouvoir emblaver tous les grains en automne; mais, dans une ferme où l'on engraisse, on peut acheter plus tôt les bœufs à cela destinés, afin qu'ils puissent aider à faire cette double emblave avant d'être mis en pouture.

M. du Quesnoy a une trentaine de grosses bêtes à lui, et prend des bœufs ou des vaches en pension pour les engraisser. Les bouchers lui payent 75 centimes par jour et par bête. Il dit qu'à ce prix il peut les nourrir et avoir le fumier pour bénéfice. Si les bouchers font donner des tourteaux à leurs bœufs, ils les payent en sus de la ration, estimée 75 centimes, qui se compose de foin et paille coupés et trempés dans des citernes couvertes où se rendent les rési-

dus des distilleries tout bouillants. Ses étables sont plan-
chéiées, ce qui lui permet de se passer de litière s'il en manquait. Il a établi des rigoles larges d'environ 50 centimètres
derrière ses bêtes ; il les fait remplir, tous les jours, de nouvelle marne, qui se trouve, dans les vingt-quatre heures ,
imbibée d'urine et devient ainsi très-fertilisante pour ses
terres, qui manquent naturellement de calcaire. Il se sert
d'un hache-paille qui lui coûte 120 fr. Cet instrument, qui
est armé de quatre lames, est mis en mouvement par un très-
petit cheval ou un bon âne qui, dans un demi-jour, coupe
du fourrage pour soixante grosses bêtes. M. du Quesnoy
estime son foin à 20 fr. et la paille à 15 fr. les 500 kilog. ; il
dit que les soins donnés aux animaux et le loyer des étables
sont comptés dans les 75 centimes.

Il m'a dit qu'il envoyait chercher des Bruyères dans un
communal qui se trouve à 8 kilomètres de chez lui ; on les
fauche et on les met en fagots à raison de 3 fr. le cent ; une
charrette attelée de deux chevaux en amène trois cents et
peut faire deux voyages. Aussitôt que les fagots se trouvent
déchargés, un ouvrier les délie pour en sortir toutes les
tiges de la grande Bruyère blanche, connue, dans le pays,
sous le nom de *Brumaille* ; il en fait des fagots dont la
façon lui revient à 2 fr. et qu'il vend 8 fr. pour chauffer le
four ; il se trouve ainsi remboursé de sa mise hors par cent
fagots sur trois cents. Le restant des Bruyères, qui forme à
peu près la quantité de deux cents fagots, ne lui coûte donc
que le charroi ou l'emploi, pendant une demi-journée, de
deux hommes et deux chevaux. M. du Quesnoy a été chercher un alambic qui a coûté 6,000 fr., pris sur place, à
Strasbourg ; il lui est revenu, étant posé, à près du double ;
il en est très-content.

J'ai été faire une visite à M. Détré, jeune cultivateur des
environs d'Amiens, qui a acheté une jolie propriété nommée
le Clouzeau, qui se trouve sur la route de Contres (Loir-et-
Cher) à Couddes et à Saint-Aignan : elle se composait de
100 hectares, d'une maison bourgeoise et d'assez mauvais

bâtiments de ferme ; il y a ajouté un bâtiment fort considérable, imité d'après les bouveries de la Charmoise. Il peut
contenir plus de cinquante bêtes à cornes ; mais il n'y en
avait alors que vingt et deux cents moutons ; il a coûté environ 8,000 fr. M. Détré a semé une douzaine d'hectares de
Luzerne qui est fort belle, la seconde coupe avait 66 centimètres de hauteur et était très-épaisse, dans un champ qui
se trouve placé sur un sable calcaire dans lequel existe une
couche de pierres plates. La moitié de la Luzerne est magnifique, et le reste, qui est par taches irrégulières, est complétement brûlé par le soleil ou le hâle ; elle est blanche
comme du linge : cela a eu lieu en quatre jours, par une
grande chaleur pendant laquelle régnait un vent d'est
violent.

Ce qui m'a paru inconcevable, c'est que, après avoir examiné une carrière à marne sablonneuse et en partie verdâtre, j'ai trouvé, d'un côté, de la Luzerne qui était aussi
belle sur une terre qui n'avait que 11 centimètres de profondeur au-dessus de cette marne sableuse que sur un endroit où la même qualité de sol en apparence se trouvait
avoir une profondeur de 66 centimètres. D'après cela, il
paraîtrait que les racines de la Luzerne qui pénétrent dans
le sable calcaire y trouvent des parties fertiles ; il est probable que ce sable, qui est d'origine marine, se trouve contenir des phosphates de chaux. Il serait d'un haut intérêt
que ce sable fût très-bien analysé, car il existe sur une
grande étendue de ce pays, qui contient aussi, du côté de
Pontlevoy, à 8 kilomètres de la ferme dont je parle, des
mines considérables d'un sable contenant souvent plus de
90 pour 100 de coquillages marins, pulvérisés en grande
partie, qui ressemblent au falun de la Touraine. On n'a encore fait aucun essai pour savoir s'il ne fertiliserait pas la
terre comme le falun. Les terres légères des environs de
Contres produiraient probablement de la Luzerne comme
celles du Clouzeau, si on fournissait à la jeune Luzerne
assez d'engrais pour qu'elle puisse enfoncer ses racines jus-

qu'au sable calcaire, qui se trouve dessous à une plus ou moins grande profondeur. Du côté opposé de la carrière, on voyait de la Luzerne complétement blanche, sur un fonds de terre ayant de 33 à 50 centimètres d'épaisseur ; sur le même sable et au milieu de cette Luzerne blanche semblant être morte, il se trouvait des petites places de Luzerne ayant une hauteur de 60 centimètres, étant très-épaisse et d'une couleur vert foncé. M. Détré m'a fait voir de fort belles Avoines blanches dont il a importé la semence du département du Nord. L'Avoine noire de Beauce, tout étant belle, l'était beaucoup moins que la précédente. L'Avoine hâtive noire, connue, dans le pays, sous le nom de *Johannette*, a l'immense inconvénient de s'égrener, même avant sa maturité. J'ai remarqué que ses allées de jardin, qui ont été sablées avec du sable calcaire dont j'ai déjà parlé, se garnissent naturellement du plus beau Trèfle blanc, quoique les gazons qu'elles traversent n'en contiennent presque pas ; cela lui fait supposer que cette marne sableuse est d'une très-bonne qualité, et cependant tous les habitants des environs sont persuadés du contraire.

M. Détré a vendu, cette année, la première coupe d'une partie de ses luzernières et de ses Trèfles ; cela a produit, en moyenne, 150 fr. par hectare pour la Luzerne et 60 fr. pour les Trèfles. 1 hectare de sa plus belle Luzerne lui a rapporté 165 fr. Il a semé une bonne partie de ses terres, et surtout les plus fortes et les plus humides, avec des graines de foin, afin de les convertir en prés permanents. Il espère que la première et très-belle coupe qu'il en a obtenue pourra se renouveler indéfiniment ; mais je pense qu'il ne faudra pas trois ans pour lui ravir cette espérance flatteuse, car les herbages formés sur d'anciennes terres ne donnent un bon produit que dans les deux premières années, cela même dans la Grande-Bretagne, malgré son climat humide, et les sécheresses fréquentes auxquelles le centre est exposé s'opposeront souvent au produit abondant des deux premières années. On ne peut former de bons prés sur d'anciennes terres qu'en leur prodiguant des engrais pendant un laps de temps fort long, ou bien au moyen de l'irrigation.

M. Détré m'a dit avoir eu une fort belle récolte de Colza. Sur 5 hectares qui venaient de produire du Froment qu'on avait fumé, il n'avait donné qu'un labour et avait semé à la volée ; il vient de fumer sur le chaume du Colza et compte enterrer ce fumier pour Froment quand la sécheresse le lui permettra. Il met beaucoup de ce sable calcaire en guise de litière, ainsi que sur chaque couche de fumier qu'il étend sur le tas.

En revenant de chez M. Détré chez mon frère, j'ai été enchanté de voir, au milieu de la plaine, un champ de Luzerne qui était très-épaisse et avait près de 1 mètre de hauteur ; je n'en avais pas vu d'aussi belle dans les environs de Paris, et je ne croyais pas que cette terre fût assez saine pour produire de la Luzerne. Les secondes coupes de Trèfle ne valent absolument rien, tandis que celles de Luzerne sont magnifiques, et cela dans les mêmes terres. J'ai vu des Peupliers du Canada, plantés il y a vingt-quatre ans, qui ont $1^m,66$ de tour à $1^m,33$ de terre ; mais il faut ajouter que cette espèce d'arbre, plus particulièrement encore que d'autres, a l'immense inconvénient de détruire les récoltes jusqu'à 15 et 20 mètres de chaque côté de la rangée dont il fait partie ; mais, au reste, tous les arbres qui bordent les champs leur nuisent infiniment, aussi prêche-t-on maintenant, en Angleterre, contre toute plantation d'arbres comme bordure, car ils ne pourront jamais indemniser du tort qu'ils ont occasionné pendant un si grand nombre d'années.

Le 27 juillet, je me rendis à la Charmoise, près Pontlevoy, département de Loir-et-Cher. M. Malingié, un de nos plus habiles cultivateurs français, était en pleine moisson. Ses Froments blanc de Bergues et rouge de Kent sont extrêmement beaux ; les Avoines sont très-épaisses, mais peu élevées, les Orges bien, les Froments de mai trop clairs : l'extrême humidité du printemps et l'horrible sécheresse de l'été en sont cause. Les Froments ont reçu, au printemps, 500 kilog. de tourteaux de Colza; les épis en sont d'une longueur très-remarquable, ils sont très-propres : on les fauche, mais on ne ratisse pas après avoir enlevé les gerbes, et il reste beaucoup de grain sur le champ. Les Pommes de terre, toutes de l'espèce Shaw, ont été plantées en juin; elles ne font qu'entrer en fleur et ne commenceront à former les tubercules que lors des premières pluies; elles donneront ainsi, par une année très-sèche, une récolte plus abondante que si on les avait plantées plus tôt, pourvu que la maladie ne les atteigne pas. Les Betteraves sont très-nettes et sans manque; la partie qui a été défoncée est admirable et vaut bien le double des autres, qui, du reste, ont été traitées de même, moins le défoncement : c'est une variété cultivée dans le nord sous le nom de *demi-blocq*.

On fume ici le champ à plat pour les Betteraves; on recouvre le fumier par un labour, puis on forme les billons, qu'on roule ensuite. Un homme trace, avec le pied, en le posant sur le billon et le tirant à lui en pesant dessus, des marques éloignées de 33 centimètres les unes des autres, sur lesquelles une femme ou un garçon dépose trois graines; vient ensuite une troisième personne qui recouvre la graine avec le contenu d'une cuiller à bouche comble d'un compost formé de cendres, suie, vidange et tourteaux, et, ce qui est certain, c'est que les Betteraves ont complétement levé et qu'il n'en manque pas un pied. Le troupeau a été formé par le croisement suivant : M. Malingié a donné à des brebis berrychonnes un bélier provenant d'un bélier mérinos et d'une brebis solognote; les brebis provenues de ce triple croisement ont reçu ensuite un bélier newkent ou un bélier dishley, et cela donne un très-beau résultat dont on marie les produits ensemble. Les quarante moutons, âgés de dix-sept mois, dont les vingt plus beaux devaient concourir à Poissy, ont été vendus 50 fr. la pièce et ont donné un poids de viande nette de 70 à 80 livres; la laine s'est vendue, les années dernières, 1 fr. 50 c. la livre en suint, pour la fabrique d'Amiens. On nourrit ici fort bien les agneaux, afin de les vendre gras à l'âge de dix-huit mois. Les quarante qui étaient destinés au concours ont coûté, étant évalués comme agneaux à 10 et 12 fr., 1,200 fr., et ont produit 2,000 fr. ; les autres, de la même année, vendus au même âge, gras, mais qui avaient été moins bien nourris, n'ont produit que 30 fr. au lieu de 50.

Les hivernages, composés de Vesce, Seigle et Avoine, produisent, année commune, 7,500 kilog. par hectare. Les bêtes préfèrent beaucoup les dravières ou Vesces mêlées d'avoine qui avaient été semées au printemps ; mais celles-ci manquent fréquemment à cause des sécheresses si habituelles dans le centre de la France.

M. Malingié a obtenu, en 1847, une des premières fermes-écoles qui aient été créées : elle se composait, lors de ma visite, de seize jeunes gens dont beaucoup sont trop jeunes pour être forts ; il les a partagés en deux sections qui ont chacune un chef devenu tel par son mérite, car il a été élevé à cette dignité par un scrutin auquel ont concouru tous les membres de l'établissement. Le jeune Cherrier, fils de l'ancien régisseur de madame de Gourcy, se trouvait le chef de la première section. Ces jeunes gens doivent passer quatre ans dans cette ferme-école, et ils devront, dans cet espace de temps, apprendre tout ce qui se fait dans une ferme : ils deviennent charretiers et laboureurs, bergers, vachers, faucheurs, jardiniers, vignerons, etc., etc. ; ils font, en un mot, tous les travaux de la ferme. Ces jeunes gens sont fort bien nourris, à ce qu'il m'a paru : ils ont deux fois de la viande fraîche par jour, avec soupe et légumes, du beau pain de ménage composé de farine de Froment avec du fromage à déjeuner et à goûter, de l'abondance composée d'un tiers de vin et deux tiers d'eau. Cette nourriture revient, cette année, où tout est fort bon marché, à 65 centimes par jour. Le personnel se compose d'un directeur, un comptable, du professeur de pratique, d'un horticulteur pépiniériste et vigneron, enfin du vétérinaire de la ville voisine. **M.** l'abbé Lot, qui est professeur de troisième au collége de Pontlevoy, a voulu, sans accepter aucune rétribution, se charger d'instruire cette jeunesse dans la langue française, le calcul, l'arpentage et un peu d'histoire. On ne saurait trop admirer un pareil dévouement.

Le dortoir m'a paru encore mieux organisé que ceux de Mettray, Petit-Bourg ou le Ménil-Saint-Firmin : les jeunes gens couchent sur des cadres au lieu d'avoir des hamacs, ce qui est infiniment plus commode ; il règne, le long du mur, une armoire qui a juste la hauteur voulue pour former en même temps le siége sur lequel l'élève s'assied lorsqu'il s'habille. Les cadres, qui sont garnis d'un fond de coutil, contiennent un matelas de laine, deux draps et autant de couvertures ; les cadres sont fixés, du côté de la tête, par deux charnières, sur le bord extérieur du banc qui couvre l'armoire. Lorsque l'élève a fait son lit, il fixe le couchage au moyen d'une courroie et relève le cadre, dont les deux pieds, fixés au bout aussi par des charnières, retombent contre le cadre, qui est tenu lui-même au moyen de deux crochets placés au haut du mur.

Les cadres sont à une distance convenable les uns des autres. Chaque élève a donc assez de place pour faire sa toilette et ranger ses affaires dans son armoire.

Les élèves portent, le dimanche, un habit-veste de couleur verte, à boutons jaunes ornés d'une tête de bœuf entourée du nom de la Charmoise ; la casquette, verte, a une broderie en fil jaune, formant un C entouré de feuilles de Vigne ; le collet de la veste a aussi des C entourés d'épis de Froment. Les chefs de sections ont leurs broderies en argent. La chaussure est formée de souliers et de la guêtre militaire en cuir.

J'ai vu les jeunes gens à leur repas, qui était fort appétissant ; je les ai vus aussi occupés de leurs travaux, auxquels il avaient l'air de mettre de l'activité accompagnée de bonne humeur. Quatre d'entre eux chargeaient une charrette attelée d'un cheval, un autre ramenait une charrette vide pour remplacer celle qui venait d'être chargée, et qu'il conduisait ensuite à la grange, où il trouvait la troisième déchargée; il y attelait son cheval pour la reconduire auprès des chargeurs. Quatre ou cinq jeunes gens déchargent et entassent dans les greniers ouverts qui sont au-dessus de ces immenses bergeries et bouveries; cet entassement se fait aussi régulièrement que des meules carrées, et l'on peut circuler autour des tas de grains et de fourrage.

La culture de la Charmoise se compose de 140 hectares, pour lesquels on ne tient que quatre chevaux et autant de bœufs. Si M. Malingié attelait plusieurs chevaux à ses charrettes, ses attelages seraient loin de pouvoir suffire à tous ses travaux. Ses jeunes gens avaient rentré, dans la matinée, avec trois charrettes et deux chevaux, onze cent cinquante gerbes de Froment. Son troupeau se compose de quinze cents bêtes à laine. Il dit que ses brebis, étant engraissées, à l'âge de cinq ans pèseront de 30 à 35 kilog., viande nette.

M. Malingié a partagé sa culture en trois assolements différents; dans ses terres ordinaires il est comme suit : 1° Fèves, 2° Froment de Bergues blanc, 3° Vesces d'hiver mêlées de Seigle et Avoine, suivies par des Pommes de terre, Choux cavaliers et Navets, 4° Haricots et Maïs, 5° Froment rouge de Kent, 6° Orge, 7° Trèfle, et 8° Avoine; dans ses terres fraîches et un peu humides, 1° Avoine sur défrichement de pré, 2° Colza ou autres récoltes commerciales, 3° Froment dans lequel il sème des graines de pré qui devront être fauchées pendant cinq ans. Dans ses meilleures terres, qui sont saines, il plante, pendant cinq ans, des Betteraves ; il met ensuite ce champ pour cinq ans en Luzerne. Il a une manufacture d'instruments aratoires; sa charrue américaine est excellente, ses triples herses, attelées de deux chevaux qui marchent dans les deux rigoles bordant les planches larges de près de 3 mètres, couvrent d'un seul trait la planche, elles sont fort bonnes; sa herse triangulaire, qui sert à cultiver la terre entre deux lignes de récoltes sarclées, est un petit instrument que je voudrais voir dans toutes les fermes, tant il est bon, simple et peu cher. Il fabrique aussi plusieurs semoirs pour grains et récoltes sarclées; tout le fourrage, vert ou sec, qui est consommé par son bétail, est coupé par un hache-paille qui va au moyen d'un manége attelé d'un vieux cheval acheté pour cet usage. Il se sert d'une machine à battre qu'il a fait venir de Bordeaux. Deux de ses fils et le même nombre de neveux dirigent, sous ses ordres, cette belle ferme que tous les nouveaux directeurs et employés des fermes-écoles devraient, dans leur intérêt et celui de leurs élèves, voir et étudier, afin de suivre son bon exemple d'aussi près que possible.

M. Malingié cultive la Vigne d'une manière tout à fait remarquable et surtout profitable; il a planté trois espèces de ceps : d'abord du Raisin rouge de Bouzy, en Champagne, du Cô et de l'Auvernat blanc; il emploie du plant élevé en pépinière et le plante dans des fossés larges et profonds au fond desquels il a mis des pierres afin d'assainir ce terrain à sous-sol argileux et, par conséquent, fort humide; il met, au-dessus des pierres, des fagots de menu bois ou de Bruyère qu'il recouvre de gazon pour empêcher la terre de se mêler aux pierres; il rebouche ensuite le fossé et plante le chevelu à 2 mètres de distance dans la ligne; les fossés sont faits parallèlement et séparés par un espace de 4 mètres; au bout de trois ans, il couche ou provigne à gauche et à droite de chaque cep et perpendiculairement sur la ligne, en portant le provin à 1^m,33, cela place les nouvelles lignes à cette distance de l'ancienne et aussi l'une de l'autre; trois ans plus tard, on met un grand échalas d'Acacia à côté de chaque pied de Vigne, on cloue sur ces échalas trois traverses en bois de Peuplier ou autre bois blanc fendu ou scié; il lie deux sarments aux deux traverses les plus rapprochées de la terre, l'un à 50 centimètres et l'autre à 1 mètre de terre; la traverse supérieure sert à consolider le treillage. M. Malingié a adopté une taille qui fait produire énormément de Raisin, je vais essayer de la décrire : il allonge des nouvelles pousses de Vignes le long du vieux bois, et laisse ensuite monter perpendiculairement des yeux de ce nouveau bois, qui se couvrent de fruit ; l'année suivante, il coupe tous ces montants ainsi que la baguette d'où ils étaient partis, en se réservant le premier montant qui se trouve placé près du cep et qui est couché, pour cette année, le long du vieux bois, et ainsi de suite. Il fait ainsi beaucoup de fort bon vin, en ayant le soin de fertiliser le sol en proportion des produits qu'on en a retirés. Il nous a fait remarquer que le Raisin était d'autant plus sucré que sa position l'éloignait le moins de terre.

M. Malingié nous a fait voir un fort beau champ de Maïs, ce qui m'a étonné à cause de l'extrême sécheresse de l'été. Il demande au préfet des fusils de voltigeurs pour armer tout son personnel et en former une petite compagnie de sapeurs-pompiers qu'il compte exercer le dimanche.

Il a établi une fort jolie chapelle, pouvant contenir quatre-vingts personnes, dans les combles du château, et on y dit la messe : elle lui a coûté 1,100 fr.

Il a monté un café dans lequel se trouve un billard ; cela dans l'intention de prévenir, autant que possible, les absences des élèves dans les jours fériés, car il pense que, s'ils peuvent s'amuser dans la ferme, ils n'iront pas ailleurs pour se désennuyer.

Je me suis rendu de chez M. Malingié chez M. Chambardel, au château de Marolles, commune de Genillé, à 8 kilomètres des villes de Montrésor et de Loches, et à 24 de celle de Montrichard. Ce monsieur cultive, depuis quatre ans, une terre qui lui appartient et qui se compose d'environ 250 hectares de bois, prés, Vignes, plantation de Mûriers, de terres, et enfin du quart de cette étendue en Bruyères. Il a ajouté à cela une ferme appartenant à un de ses beaux-frères, et enfin 80 hectares de très-mauvais taillis que le propriétaire lui a défrichés et loués pour sept ans, à raison de 18 fr. l'hectare, avec le droit de les prendre, à l'expiration du bail, pour un prix déterminé d'avance, mais dont j'ai oublié le montant.

J'ai toujours regardé cette portion du Berry comme une des moins fertiles; les vieilles terres y sont, en général, blanches et battantes, et les récoltes qu'on leur voit produire si chétives, que cela fait de la peine à tout voyageur qui aime son pays. M. Chambardel ayant vu, dans ses environs, opérer des défrichements de Bruyère avec un grand succès, au moyen d'un labour d'hiver, ou d'un piochage que des Auvergnats entreprennent à raison de 90 fr. l'hectare, et qu'on emblavait au mois d'octobre suivant, en ayant le soin de mélanger la semence de Froment ou de Seigle avec environ 4 hectolitres de noir animal, a essayé la chose, qui a parfaitement réussi; il l'a entreprise en grand depuis près de trois ans, et il avait, lorsque je me suis présenté chez lui, plus de 90 hectares de Bruyères défrichées, couvertes de très-belles récoltes de Seigle, de Méteil et principalement de Froment. Voici comme il s'y prend pour opérer ses défrichements : lorsque ses attelages n'ont rien à faire, en hiver, il leur fait labourer les Bruyères en travers de la pente et laisse ce labour ainsi jusqu'au mois de septembre suivant, sans y toucher; les terrassiers chargés de piocher des Bruyères s'occupent de ce travail tant que les travaux des récoltes ne font pas monter le prix de la main-d'œuvre. En septembre, une fois qu'il a plu suffisamment pour permettre de labourer les Bruyères défrichées, il donne un labour qui prend le premier en travers; il fait herser une couple de fois et sème, lorsque le temps en est arrivé, le Seigle et le Froment, qu'on mélange intimement avec 450 litres de noir animal, résidu de raffineries de sucre; il fait humecter le noir suffisamment pour qu'il en adhère le plus possible après le grain, et exige du semeur de faire ses poignées de même que si l'on n'avait pas ajouté de noir; de cette manière, il se trouve forcé de passer trois ou quatre fois où il n'eût passé qu'une sans l'ajouté; cela amène une répartition plus égale de la semence et du noir. Il fait passer deux fois la herse après avoir semé, puis curer les raies d'écoulement, et tout est fait. A voir ce grossier travail au moment des semailles, tout bon cultivateur serait persuadé que la semence est perdue; au lieu de cela il y a des récoltes produisant de 20 à 25 hectolitres. Lorsque celle-ci est enlevée, il donne, aussitôt que le temps le permet, un labour qui reste ainsi jusqu'au moment des semailles; il herse deux fois, sème le grain en le mélangeant avec 4 hectolitres de noir, herse encore deux fois et cure les raies. Cette dernière récolte est plus belle que la première et produit de 30 à 35 hectolitres par hectare; j'ai vu même un champ de Froment rouge de Kent à six rangs, que j'eusse pris pour 40 hectolitres. Il va semer, en troisième récolte, des Vesces-fourrages, du Colza et des récoltes sarclées. Ses récoltes sur pied m'ont paru tellement belles que, tout en voyant la chose, elle me paraissait impossible. Les pailles avaient de 5 à 6 pieds de hauteur; elles étaient si épaisses, qu'on ne distinguait pas le fond des raies : les épis étaient longs et se touchaient presque. Il y avait un peu de noir ou carie dans les Froments : je lui ai conseillé de tremper les semences de Froment, pendant vingt-quatre heures, dans de l'eau dans laquelle on a fait dissoudre 1 kilog. de vitriol bleu dans 60 litres d'eau; je pense aussi que cela facilitera à la semence, devenue plus grosse et qui se trouve humide, de s'attacher une plus grande quantité de noir. Lorsqu'on sème d'autres graines, même les plus petites, on les mélange aussi avec le noir.

M. Chambardel cultive, dans ses anciennes terres, un Froment barbu blanc dont le grain est très-beau, et qui talle beaucoup; son inconvénient est de verser facilement : il lui vient de Carcassonne. Il a aussi du Froment de Bergues. Son Froment poulard blanc, qui perd ses barbes avant la moisson, est extrêmement productif; mais il se vend 1 fr. de moins par hectolitre. Ses récoltes de Froment sont aussi fort belles dans ses anciennes terres, quoique cependant moins belles que celles sur défrichement; mais pour cela il est

obligé de les fumer à raison de 60 à 70 mètres cubes par hectare ; il leur donne, faute de fumier, 30 hectolitres d'engrais
Baronnet. Il a beaucoup de Trèfles dans ses anciennes terres,
mais ils ne sont pas beaux, quoique ayant été semés sur les
Froments si bien fumés. Il m'a fait remarquer un défrichement dont la récolte ne valait guère que moitié des champs
qui touchaient ; lui en ayant demandé la raison, il me dit
qu'il n'en connaissait pas d'autre, sinon que cette partie de
la Bruyère avait été marnée il y a cinq à six ans. Il pensait
donc que le calcaire nuisait à l'effet du noir. Je ne pus me
rendre à cet avis, car habituellement on ne peut tirer un
bon parti d'une Bruyère défrichée qu'après qu'elle a été bien
marnée ou chaulée. Ayant demandé à M. Chambardel combien valaient les terres dans ce pays, il me dit qu'une terre
considérable et bâtie se vendrait de 6 à 700 fr. l'hectare, et
qu'une simple ferme ne trouverait d'acquéreur qu'à 3 ou
400 fr. Cela tient, à ce qu'il paraît, à ce que les grandes
propriétés sont achetées par des étrangers à la province, et
les fermes par des gens du pays.

M. Chambardel a fait ses études à Paris, où il a été reçu
docteur en médecine ; il suivait les cours du Conservatoire
des arts et métiers et du jardin des plantes ; il a aussi suivi
ceux de l'école centrale et y a été un des aides préparateurs
de chimie. Il vient d'obtenir une ferme-école qui se trouvera
fort bien dirigée par lui. Sa propriété contient deux châ-
teaux, dont l'un sera habité par lui, et l'autre logera l'école.
Sa principale ferme est fort belle ; il y a des étables pour
loger cent bêtes à cornes, et une machine à battre. Il se sert
de charrues américaines, qui sont copiées sur celle de M. Malingié ; elles sont fort bien et coûtent 50 fr. Il a un petit
moulin, et son ruisseau pourra servir à établir des irrigations.

Je me suis rendu de chez M. Chambardel à Loches, qui est
une petite ville fort intéressante par son ancien château,
qui loge le sous-préfet. Il y a une manufacture de flanelle.
Cette ville se trouve située dans une charmante vallée et près

d'une superbe forêt domaniale. Je louai un autre cabriolet pour me rendre dans une immense propriété appartenant à M. de la Villeroux, qui l'a achetée, il y a vingt-six ans : c'était alors une vaste Bruyère dont il a fait défricher une partie; il y a construit une maison d'habitation et plusieurs grandes fermes, dont celle que je visitais pour la troisième fois, à partir de 1827, est assez bien cultivée par un maître valet, qui est de la Beauce. Le propriétaire habite une fort belle terre dans les environs de Tours. Il a payé cette Bruyère, qui était alors un désert inabordable, 75 fr. l'hectare, m'a-t-on dit. Maintenant elle se trouve traversée par une excellente route. Il y a planté beaucoup d'avenues en Peupliers de Hollande argentés, qui n'ont réussi que dans quelques petits coins; cela tient, je pense, à la présence de la Bruyère et à l'acidité de la terre; car le fond en est généralement bon, et on trouve de fort bonnes marnières dans plusieurs parties de la propriété.

La partie qui a été défrichée était couverte de Froment, Avoine et Trèfles très-beaux, malgré le peu de bétail qui se trouve dans la ferme, qui se compose d'environ 200 hectares, pour lesquels il n'y a qu'une trentaine de grosses bêtes avec trois cents moutons métis qui n'y réussissent pas bien. On n'y emploie pas de noir animal; cependant je le lui ai conseillé en 1829. Il a mis, par hectare, la charge d'une charrette à trois chevaux de noir animalisé Baronnet. Dans la partie où le noir animalisé a été enterré avec la semence, le Froment est beau; dans le reste de la pièce, qui a une étendue de 15 hectares où l'on a semé du noir et de la suie, en décembre et janvier, par-dessus le grain qui était levé, la récolte ne valait pas moitié de la précédente. On ne se sert pas de falun, qui existe à 1 lieue des terres.

Les terres seraient excellentes si elles étaient drainées et qu'on y employât force marne et chaux. S'il y employait le procédé que j'ai vu chez M. Chambardel pour défricher toutes ses Bruyères, il gagnerait beaucoup, tout en embellis-

sant le pays, qui, manquant d'un cours d'eau et de bois, est
fort triste, cela d'autant plus qu'il n'y a pas construit d'habitations de journaliers.

Je suis allé de chez M. de la Villeroux à Manthelan, afin
d'y voir des mines de falun, qui ont là une grande profondeur. Cette masse est composée de coquillages pulvérisés,
parmi lesquels on en voit qui sont encore entiers; il n'y a
pas ou du moins très-peu de sable mêlé à ces coquillages. On
m'a dit qu'on en mettait 12 mètres cubes par hectare, que
l'effet durait pendant vingt ans, et que la seconde application ne produisait pas autant d'effet que la première. Le
falun se trouve, dans certains endroits, presque à fleur de
terre; dans d'autres, il est recouvert de 1 mètre ou plus d'une
excellente terre forte; on le trouve encore sous des Bruyères.
Une partie des mines de falun étaient très-profondes et remplies d'eau. La route de Manthelan à Ligueil, environ 12 kilomètres, m'a fait traverser un pays qui m'a paru être, en
grande partie, très-fertile, surtout en s'approchant de ce
dernier lieu. On y voit une terre forte de couleur noire,
qui, dans des endroits, devient blanchâtre par la marne qui
s'y trouve mêlée à la suite des labours. On y voit des Noyers
gigantesques. Dans certains endroits il y a plus de 1 mètre
d'excellente terre sur la marne. Les bonnes terres s'y vendent
de 2,500 à 3,000 fr. l'hectare. Les récoltes de Froment,
Orge et Avoine y sont fort belles; les Trèfles et les Sainfoins
à deux coupes y sont rares, mais souvent très-beaux. La Luzerne y deviendrait magnifique, mais je n'en ai pas vu.

J'ai couché à Ligueil et en suis parti à quatre heures du
matin, avec un nouveau cabriolet que j'ai loué pour plusieurs jours, sans un conducteur. Après avoir fait 3 lieues
dans un pays laid et qui devenait plus mauvais à mesure qu'on
s'éloignait de Ligueil, je suis arrivé dans une commune qui
se nomme la Selle; il y a un vieux château qui se trouve habité par M. Gaulier de la Selle le père, et une charmante
maison, nouvellement construite par son fils. On n'était pas

levé, mais **M.** de la Selle le jeune vint me rejoindre au bout de peu de temps ; il fit dételer mon cheval, atteler un des siens à un cabriolet pour me conduire dans sa ferme principale, qui se trouve à environ 2 kilomètres de son habitation. Cette ferme a été construite par lui, elle est couverte en ardoises, et se compose de deux grands bâtiments, dont l'un contient le logement des domestiques, l'autre est partagé en de fort belles étables pouvant loger quatre-vingts bêtes à cornes ; il y a des écuries pour une douzaine de chevaux, une énorme grange contenant une machine à battre, imitation de celle de Motte de Bordeaux ; elle est de la force de quatre chevaux et ne bat que 16 hectolitres dans une journée de travail de dix heures ; il s'y trouve un hache-paille, une machine à briser les tourteaux et le plâtre ; celle-ci coûte 300 fr., elle écrase fort bien le plâtre cru.

M. Gaulier de la Selle m'a dit qu'en causant un jour, il y a de cela environ six ans, avec un de ses amis, **M.** de Gaudru, sur les moyens de diminuer la dépense occasionnée par l'achat de 8 ou 10 hectolitres de noir animal par hectare, noir qui, venant de Nantes, leur coûtait, rendu chez eux, 17 fr. l'hectolitre, il avait été proposé d'essayer si, en mélangeant cet engrais avec la semence, on ne pourrait en diminuer la quantité ; les essais ayant donné de bonnes récoltes avec 360 litres de noir, ils ont adopté cette dose. Voici comme il s'y prend dans la préparation de la semence : il met les 2 hectolitres de Froment tout sec dans 360 litres de noir bien pulvérisé, sans l'humecter ; il le mélange aussi bien que possible, il fait ensuite passer une pelle sur le grain, en l'appuyant et en la tirant à lui, afin d'attacher le plus possible de noir après le grain. Il laboure ses Bruyères en hiver, mais préfère aussi le piochage à tranchée ouverte, comme **M.** Chambardel ; il fait ensuite passer plusieurs fois une lourde herse Valcourt qui est armée de coutres tranchants et recourbés en arrière : on charge cette herse, elle est traînée par deux forts chevaux ; ces coutres scient les gazons et les réduisent en partie.

Après ces hersages répétés, il roule avec un rouleau très-pesant, il donne un labour avec un binot, il recommence ensuite à rouler et herser pour bien réduire les mottes et gazons. Il emploie aussi, pour cet usage, une herse Bataille, armée de coutres plus longs, mais du même genre que ceux dont je viens de parler. En septembre, il forme des planches belges de cinq tours de charrue qui sont fort bien faites ; il sème en octobre et donne un seul coup de herse pour enterrer la semence préparée comme je l'ai dit ci-dessus. Il m'a dit semer quelquefois, au commencement d'octobre, des Bruyères qui n'ont été piochées qu'en juin ou même après la moisson. Il a eu de fort beaux Colzas préparés de la manière susdite, et en a récolté, cette année, 30 hectolitres à l'hectare, sur la troisième année de défrichement. Ce Colza a été vendu 25 fr. l'hectolitre ; il a donc produit 750 fr. par hectare. Il sème des Avoines pour quatrième récolte : elles sont superbes, étant très-épaisses et hautes de plus de 1 mètre, ce qui est beaucoup pour une année où elle a dû tant souffrir de la sécheresse. On ne lui a consacré que 180 litres de noir toujours mêlé à la semence. J'ai vu un fort beau Froment qui se trouvait séparé d'un chemin par un fossé récemment fait ; j'ai donc pu juger là de la mauvaise qualité de la terre de ce champ, qui n'avait qu'environ 11 centimètres de terre sur un fond de pierrailles non calcaires. Ceci prouve évidemment le pouvoir fertilisant du noir ; car M. de la Selle n'emploie, la première année du défrichement, que 360 litres de noir, et, pour la seconde récolte de Froment, 3 hectol. J'ai oublié la quantité employée pour la troisième récolte, qui est en partie en Vesces et en Colza ; je crois qu'il lui consacre 250 litres, et il obtient ainsi un fourrage très-abondant. Il obtient donc quatre superbes récoltes avec environ 11 hectolitres de noir qui, pris à Paris en 1848, aurait coûté 8 fr. 50 c. l'hectolitre, ou 93 fr. 50 c. 11 hectolitres

de noir pèseront moins de 1,000 kilog., dont le port jusqu'à
Tours, par le chemin de fer, coûtera 22 fr. 50 c., en tout
115 fr.; il faut ajouter le port de Tours à destination.
Quand on pense au produit que donne une si petite somme
mise en engrais, et celui-ci appliqué à une Bruyère qu'on
peut acheter, dans l'intérieur de la France, dans les prix de
100 à 300 fr. par hectare, on ne doit pas craindre, comme
cela arrive à certaines personnes, que l'augmentation croissante de la population de la France ne doive forcément et
promptement amener la famine; encore faut-il ajouter que
la quatrième récolte étant fort belle, quoiqu'elle n'ait pas
reçu tout à fait 2 hectolitres de noir, autorise l'espérance
d'en obtenir encore une ou deux, avec cette même fumure
si extraordinairement économique. M. de la Selle a voulu
faire un essai comparatif en fumant 1 hectare de Bruyères
défrichées comme il fume ses vieilles terres, qui sont très-
mauvaises; il lui a donné trente voitures de bon fumier,
qui étaient attelées de trois forts chevaux, et la récolte de
Froment venue sur cette fumure était infiniment moins
belle que celles venues sur noir animal. Ses récoltes de
grains sur anciennes terres sont fort belles; mais il les a
bien terrassées et leur donne de trente à trente-six voitures
de fumier ou 30 hectolitres de noir animalisé Baronnet, qui
coûte à Tours, d'où il vient, 5 fr. et 1 fr. 50 c. de port.
Le résultat de cet engrais est satisfaisant pour la première
année; mais il est probable que la terre n'en ressentira plus
l'effet l'année suivante; et, en tout cas, il coûte 195 fr.,
pendant qu'une forte fumure de guano pour Froment, qui
serait composée de 400 kilog. de guano du Pérou, acheté de
la maison Maës, à Nantes, ne coûterait, rendue sur place,
que de 104 à 112 fr., et la récolte suivante n'aurait pas be
soin d'un nouvel engrais.

M. de la Selle a fumé 1 hectare de vieille terre semée en
Froment, avec 1,250 kilog. de tourteaux de Colza, coûtant, en pains, 137 fr. 50 c.; il faut y ajouter le port et la
pulvérisation. Mais on voyait que la dose de cet engrais

avait été insuffisante ; elle devrait être de 2,000 kilog. pour produire une bonne récolte ici, ce qui eût coûté 220 fr., sans compter le port et la pulvérisation. Le guano est encore ici de moitié moins cher.

M. de la Selle a chargé M. de Parreto, réfugié milanais, qui s'est fait ingénieur d'irrigations, d'irriguer ses prés, qui se trouvent traversés par une petite rivière. Ces irrigations m'ont paru fort bien établies sur une étendue de 20 hectares. Les frais d'établissement se sont montés à 65 fr. par hectare, auxquels il faut ajouter 30 fr. comme honoraires de l'ingénieur ; celui-ci a dressé un manœuvre intelligent de ce pays à diriger l'irrigation.

M. de la Selle a fait construire un petit étang dont la chaussée lui a coûté 700 fr. ; on payait, pour la conduite à la brouette du mètre cube de terre, 25 c. Cet étang doit recueillir les eaux de pluie qui lui arriveront après avoir traversé des Bruyères et des bois : elles sont destinées à irriguer des prés qu'on forme en semant de la graine de foin dans une récolte de Sarrasin auquel on n'a consacré aucun engrais et qui vient après une récolte de Froment faite sur un défrichement de Bruyères avec 360 litres de noir animal. Je ne puis m'empêcher de craindre que cette entreprise n'échoue complétement, car les eaux de bois et Bruyères ne sont pas convenables pour l'irrigation : elles ne pourraient le devenir qu'autant qu'on les aurait animalisées en y mettant une quantité convenable de vidanges ou autres engrais ; mais ensuite je crois qu'il faudrait cultiver le défrichement de Bruyères au moins pendant six ans, et que cette terre sauvage ait été, pendant ce laps de temps, aérée, parfaitement ameublie, marnée ou chaulée, et très-bien fumée.

M. de la Selle le fils a acheté cette propriété, qui était composée de 400 hectares, pour 84,000 fr. ; il a trouvé dessus pour 44,000 fr. de Chênes ; elle ne produisait pas 1,000 fr. nets. Les récoltes actuelles s'élèvent à une valeur de 12 à 14,000 fr., et laissent au moins une somme de 4,000 fr. pour produit net. Les domestiques, dans ce pays, sont fort bon marché et peu difficiles pour la nourriture. M. de la Selle donne à son maître valet, pour lui et sa femme, qui fait aller le ménage de la ferme, 400 fr. ; le second laboureur a 200 fr., le troisième 180 fr. ; la servante, qui est une femme très-forte, a 60 fr. Ces braves gens, au nombre de sept, n'ont consommé, depuis la dernière vendange jusqu'à la fin de juillet, que 240 litres de vin ; on ne leur donne du salé qu'une fois par semaine et jamais de viande fraîche ; ils ne mangent donc que des Pommes de terre, des Haricots et des Choux : leur pain est composé d'un tiers de Froment, autant de Seigle, et le reste en Orge. Les journaliers gagnent, en hiver, 1 fr., au printemps et en automne 1 fr. 25 c., enfin 1 fr. 50 c. à la fenaison, ce qui est augmenté pendant la moisson, suivant les circonstances.

L'excellente méthode de défrichement de Bruyères, imaginée et adoptée par M. de la Selle, est imitée par bien des petits cultivateurs de ce pays. Un fermier picard, qui a acheté une ferme de 40 et quelques hectares pour 22,000 fr., près de celle de M. de la Selle, et qui paraît être un bon cultivateur, défriche ses Bruyères comme son voisin et s'en trouve fort bien ; il a essayé de mettre de la chaux sur un coin de ses défrichements, qui, du reste, avaient été traités d'après la nouvelle méthode. Eh bien, cette partie de la récolte ne valut pas moitié de celle qui n'avait pas été chaulée.

M. de la Selle m'a dit payer son noir de 13 à 14 fr. l'hectolitre, pris à Nantes, et 3 fr. 50 c. de port ; il préfère, comme M. Chambardel le fait, de défricher les Bruyères à la pioche. Ces messieurs disent que la dépense est à peu près la même. On paye 90 fr. aux terrassiers qui font cette besogne ; mais on leur abandonne les grosses racines de la grande Bruyère, avec laquelle on peut faire du charbon et qui, en tout cas, leur sert de combustible. L'ouvrage est mieux fait, et la Bruyère se trouve ainsi divisée en mottes, au lieu de ne l'être qu'en longues bandes, qu'on a beaucoup de peine à réduire ; ensuite on fatigue tant les hommes et les attelages occupés à ce labourage, qui brise ou use tant de charrues, qu'en définitive ils préfèrent renoncer au labour, ce qui a encore l'inappréciable avantage de procurer beaucoup d'ouvrage, pendant la morte-saison, aux manouvriers. Il avait déjà défriché plus de 60 hectares de Bruyères, quand je lui ai fait ma visite. M. de la Selle, après avoir mis la plus grande complaisance à me faire voir sa belle culture et à répondre à toutes mes questions, m'a reconduit chez lui, où il m'a fait déjeuner avec Mme de la Selle et ses parents, qui sont des habitants de Paris.

Je me suis rendu depuis la Selle à Châtellerault, où j'ai couché, et le lendemain, de bonne heure, je suis allé à l'Espinasse, propriété que M. Moll, professeur d'agriculture au Conservatoire des arts et métiers, a achetée il y a deux ans, et qui n'est qu'à 8 kilomètres de Châtellerault. Il s'occupe d'établir la ferme-école que le ministre vient de lui confier. Il a un ancien élève de Dombasle, qui a été régisseur dans plusieurs grandes propriétés de différentes parties de la France et qui est très-bon agriculteur, pour sous-directeur ; car M. Moll ne reçoit pas les 2,400 fr. attachés à la direction des fermes-écoles. Il vient de construire un bâtiment assez considérable pour loger ses élèves, qui ne sont encore que peu nombreux. La terre de l'Espinasse se compose d'une petite maison de maître, deux fermes, 5 hectares de prés, 2 hectares 1/2 de vignes, 50 de terres labourables, autant de taillis ; enfin 113 hectares d'un excellent fond, encore en Bruyères, comme il y en a encore une grande étendue dans ses environs, M. Moll ayant fait entourer cette étendue de Bruyères, qui se trouve traversée par plusieurs chemins, par des fossés larges de 1 mètre 66 centimètres et ayant près de 1 mètre de profondeur, ce qui lui coûte 15 c. le mètre. J'ai pu ainsi juger la qualité du terrain, que je regarde comme étant bien meilleur que celui qui a été défriché par MM. Chambardel et de la Selle ; la vigueur des plantes qui couvrent ce terrain annonce aussi sa bonne qualité. M. Moll a déjà fait défricher une vingtaine d'hectares de ces Bruyères, ce qu'il a fait principalement au moyen de l'écobuage, qui ne lui coûte que 125 fr., ce qui est fort bon marché; car cela revient, dans le centre, ordinairement de 150 à 180 fr. et même à 200 fr. l'hectare. Le simple piochage à tranche ouverte ne lui coûte que 80 fr. J'ai été étonné de voir, sur d'aussi bons défrichements, des récoltes de moitié inférieures à celles que j'avais tant admirées chez MM. Chambardel et de la Selle, et je n'ai pu attribuer cette immense différence qu'à l'écobuage; car M. Moll avait ajouté à celui-ci une application de 4 hectolitres de noir animal. Il m'a dit ne compter que sur un produit de 12 à 16 hectolitres de froment par hectare, ayant des champs qui sont meilleurs les uns que les autres. Il faut que ce soient les parties calcaires qui se trouvent dans les cendres d'écobuage, qui neutralisent l'effet si puissant du noir animal.

M. Moll a défriché, au moyen de la pioche et sans écobuage, une Bruyère qu'il a semée en Avoine, il lui a donné 4 hectolitres de noir et elle est fort belle; mais, ayant fait semer un peu de chaux sur un coin de ce champ, l'Avoine n'y a rien valu. Il a semé aussi, comme essai, un rayon d'Avoine sur le haut d'un jet de fossé fait le long de ce dernier défrichement, fossé qui avait été fait récemment, et dont le jet, formé avec un sous-sol de très-mauvaise qualité et sortant de près de 1 mètre de profondeur, n'a pas permis à l'Avoine semée sans engrais de se former; une partie de cet essai, semée avec deux fois autant de noir que d'Avoine, ne donnera que peu de produit dans la partie où l'on a mis cinq fois autant de noir que de semence; il y a une assez bonne récolte.

M. Moll a semé, comme expérience, une trentaine de plantes fourragères de différentes variétés ou espèces, sur un écobuage de Bruyère; il n'y a que la Houlque laineuse et le Ray-grass d'Italie qui aient réussi d'une manière satisfaisante : ce dernier a donné a sa première coupe 2,400 kilog. par hectare; mais sa seconde coupe ne sera pas fort abondante. La Houlque a donné une bonne coupe, mais n'a fourni qu'un pâturage ensuite. Quelques grains d'Avoine qui tombèrent dans ces essais de fourrages ont produit chacun plus de cent épis volumineux, les tiges ayant plus de 1 mètre de longueur et étant très-grosses. M. Moll m'a fait voir une carrière de craie ou marne qui contient de beaux coquillages ; on prétend, dans ce pays, que, pour qu'un marnage soit efficace, il faut en mettre 400 mètres cubes par hectare. La chaux, coûtant 2 fr. 75 c. l'hectolitre, reviendrait aussi trop cher pour chauler les terres, à moins d'en faire soi-même, ce qui ne coûterait pas cher ; car on peut acheter des fagots de Bruyère tant qu'on en veut à 4 fr. le cent, et, comme on n'est qu'à 2 lieues du chemin de fer qui va s'ouvrir, on pourra se procurer le charbon de Commentry à bon marché ; alors, avec un four à chaux continu, elle ne reviendra pas à plus de 1 fr. l'hectolitre. M. Moll a obtenu de fort belles Avoines et une belle récolte de Millet pour fourrage sur ses écobuages ; il a des navets sur écobuage qui promettent d'être beaux. J'ai vu un fort beau champ de Trèfle dans les anciennes terres. Le Trèfle incarnat et la Spergule n'y ont pas prospéré. Il s'y trouve de fort beaux Noyers.

M. Moll a un troupeau de brebis de pays qu'il compte croiser avec un bélier southdown. Son berger lui coûte 200 fr. et lui a été envoyé de la Prusse rhénane par M. Villeroy ; il en est fort content, mais cet homme ne sait pas un mot de français. M. Moll a semé aussi, dans une de ses anciennes terres, des Betteraves, et en a repiqué dans une partie de ce champ ; celles-ci valent bien mieux que les autres. Quand M. Moll aura défriché toutes ses Bruyères et la partie de ses taillis qui a été dégarnie par le pâturage, qu'il aura assaini des terres qui en ont le plus grand besoin, qu'il les aura marnées ou chaulées, il aura une excellente propriété. En retournant de Châtellerault à Ligueil, où je devais reconduire mon cabriolet, je suis passé par Sainte-Maure, afin de ne pas revenir complètement sur mes pas. La route suivait, pendant les premiers 36 kilomètres, la riche et belle vallée de la Vienne ; on voit à regret la jachère morte régner dans ces excellentes terres d'alluvion si faciles à cultiver et d'où les récoltes sarclées devraient la bannir à jamais. On n'y aperçoit que fort rarement un champ de Luzerne, qui y vient cependant à merveille; peu de Trèfles, qui, malgré l'extrême sécheresse, sont très-beaux. Dans les environs de Ligueil, on voit d'excellentes terres calcaires; M. de la Ferrière, qui y possède une fort belle habitation, a retiré des mains de fermiers du pays, il y a une douzaine d'années, une centaine d'hectares qui avaient été épuisés par une détestable culture; on dit que les fermiers s'y ruinaient, tout en ne payant que 1,500 fr. de fermage. Il a remis ces terres sur un fort bon pied de culture. Il y a construit un fort beau moulin à l'anglaise qui sert aussi de moteur à une machine à battre, à un hache-paille et à une machine à broyer le plâtre ou les tourteaux; il engraissait avec ceux-ci jusqu'à cent quatre-vingts bêtes à cornes par an, cela afin de remettre ses terres épuisées. Les tourteaux de Colza coûtent, dans ce pays, 75 fr., et ceux de Noix 100 fr., les 500 kilogrammes. Il y avait introduit, avec succès, une vacherie durham et un troupeau provenant de brebis mérinos et béliers dishleys. Mais des pertes, suite de la révolution de février, l'ont décidé à renoncer à cette belle culture, qui était une des plus progressives que j'aie encore rencontrées en France. Il a donc remis ses fermes entre les mains de métayers du pays, qui ont dû reprendre ces animaux perfectionnés, dont ils sont fort embarrassés, et dont ils ont hâte de se défaire, en les vendant à des bouchers, pendant qu'elles sont encore en bon état. J'ai vu là un fort joli taureau durham, une vache de cette espèce très-remarquable, une autre moins belle, deux très-jolies génisses et un taureau châtré, le tout de pure race courtes-cornes; on m'a dit qu'il s'en trouvait encore d'autres, ainsi que de belles brebis dans une autre ferme, et que toutes ces bêtes avaient été estimées, en les livrant aux métayers, moins cher que des bêtes du pays. M. de la Ferrière avait loué, l'année dernière, pour dix-huit ans, une ferme de Bruyères, de M. de la Villeroux, dans cette immense terre que j'avais visitée quelques jours auparavant; il ne payait les Bruyères qu'à raison de 8 fr. l'hectare, il devait les traiter comme le fait **M.** de la Selle. J'ai regretté infiniment qu'un cultivateur aussi distingué ait renoncé à la culture; car son exemple eût été bien utile, dans ce pays où les terres sont si fertiles, mais si mal cultivées.

On se sert, dans ce canton, de petites charrues américaines dont l'age se prolonge de manière à ce que son bout se fixe au joug des bœufs : elles sont fort légères, et ne coûtent que 30 fr.; le soc n'est pas en fonte, mais forgé sans avoir de l'acier. J'ai mangé, dans l'hôtel de Ligueil, des Pois verts gros comme des Noisettes, et cependant très-tendres et d'un goût excellent; je n'ai pas pu me procurer de cette semence, car elle n'était pas mûre; on les nomme Pois du Brésil. On m'a dit qu'une ferme des environs de Ligueil venait d'être vendue 60,000 fr.; elle se composait de 80 hectares. Je suis allé coucher, le 30 juillet, à Preuilly, petite ville des plus sales qu'on puisse voir. Sa situation est agréable, car elle domine une riche vallée dans laquelle coule la Clayse, rivière excessivement poissonneuse qui traverse la Brenne, pays couvert d'immenses étangs. Les terres de cette vallée m'ont paru être de même nature que celles des environs de Ligueil. En quittant cette ville pour me rendre au Blanc, je suis passé auprès d'un fort joli château du moyen âge; cette propriété, peu considérable, est couverte d'arbres magnifiques. J'ai vu encore, dans cette course, deux jolies habitations modernes, ayant cependant leurs tourelles et se trouvant placées dans de jolis parcs à l'anglaise. Le Blanc est une fort jolie petite ville située sur les bords de la Creuse; une compagnie y a établi une manufacture très-considérable de fil de lin, qui employait un millier d'ouvriers; elle se trouve malheureusement arrêtée depuis l'automne 1847, et cela nuit singulièrement aux pauvres habitants de cette ville. Je me suis rendu du Blanc au château de la Barre, chez **M.** le comte de Bondy. Son antique habitation est fort jolie et très-bien arrangée; elle se trouve dans un charmant pays, aussi sur les bords de la Creuse, rivière assez considérable, très-limpide et encaissée de manière à ne point laisser de grèves à découvert ; elle est généralement bordée par de beaux arbres qui sont plantés dans d'excellents prés. Cette terre, d'une contenance de 400 hectares partagés en cinq métairies et un moulin, a de fort beaux bestiaux de pays ; car on y cultive, depuis de longues années, le Trèfle. La ferme de la basse-cour se compose d'excellentes terres, qu'il faudrait mettre entre les mains d'un fermier belge bien choisi : il ferait voir à ce pays ce que c'est qu'une bonne culture, et ce que peuvent produire les terres du Berry, qu'on estime en général si peu, et dont le chétif produit ne doit être attribué qu'à une mauvaise culture et au peu de capitaux qu'on veut lui consacrer. La famille de Bondy n'habite ce pays que pendant deux ou trois mois de l'année ; M. de Bondy ne peut donc s'occuper activement des grandes améliorations dont sa propriété est si susceptible.

J'ai vu marner à dos d'âne, ce qui se fait assez fréquemment dans cette partie de la France. Voilà comme la chose se fait ici : on a des ânes assez forts, qui ont coûté, il y a neuf ans, de 60 à 90 fr. la pièce ; il en reste 8 sur 10 qui avaient été achetés à cette époque ; les deux qui manquent sont morts ; on pense que ceux qui restent valent encore ce qu'ils ont coûté, cette espèce de bêtes ayant augmenté de valeur.

Ces ânes portent un bât chargé de deux paniers qui ont des fonds qui s'ouvrent lorsqu'on retire une cheville : un homme habitué à cette besogne se charge, moyennant 12 ou 15 fr. par mille charges, de piocher la marne, d'en remplir les paniers, de conduire les ânes dans le champ à marner et de faire tomber les charges de marne en lignes et à des distances convenables pour qu'on y mette la dose nécessaire, qui est, m'a-t-on dit, ordinairement de quinze cents à deux mille charges par hectare ; on a ajouté que seize charges forment 1 mètre cube. On mettrait donc de 94 à 125 mètres cubes par hectare : cela est un marnage considérable ; mais la marne contient beaucoup de pierres calcaires qui ne se

fondent pas et dont il faut ensuite, pour bien faire, débarrasser le champ. Les hommes qui ont entrepris le marnage
se chargent de réparer les bâts et les paniers qui s'usent, et
de soigner les ânes le temps qu'ils les emploient. Pour qu'ils
puissent faire cette besogne à ce prix, il faut que la marne
ne soit pas éloignée, c'est-à-dire que la marnière se trouve
dans une étendue à marner qui sera au plus de 6 ou 8 hectares.

Je ne pense pas que de nourrir, toute une année, des ânes,
pour les employer au plus pendant cent cinquante ou cent
quatre-vingts jours, soit une chose économique, comme on
le croit assez généralement en Berry. En ne comptant la
nourriture, le logement, les soins et l'user des ânes qu'à
25 centimes pour trois cent soixante-cinq jours, cela ferait
50 centimes pour les cent quatre-vingts jours de travail ; il
faut huit journées de dix ânes pour porter seize cents
charges, cela fait 40 fr., et 21 fr. pour les marneurs, 65 fr.,
pour 100 mètres cubes ; cinq journées de deux chevaux
feraient la chose, et ne coûteraient, le charretier compris
de même que l'user des chevaux, que 27 fr. 50 c. à 30 fr.

Les fermes de cette propriété sont fort bien bâties et bien
entretenues. Il y a une grande quantité de vieux Chênes
sur cette terre, ce qui l'embellit beaucoup, mais lui est fort
nuisible ; on en porte la valeur à environ 100,000 fr. ; s'ils
étaient à moi, j'en vendrais une bonne partie pour assainir
et marner ou chauler les terres et pour irriguer les prés.

M. de la Millanderie, dont l'habitation se trouve vis-à-vis
du château de la Barre, mais de l'autre côté de la rivière,
sur la terre de l'Épine, qui lui appartient et qui est d'une
très-grande étendue, a de bonnes terres dans la partie qui
avoisine la rivière ; elles sont assez bien cultivées pour le
Berry. La Luzerne y vient fort bien, mais la plus grande
partie de la terre se trouve en fermes de Brenne, qui ont
une très-grande étendue de Bruyères et d'étangs, ce qui
rend ce pays très-fiévreux. M. de la Millanderie, qui est,
depuis longtemps, membre du conseil général, m'a dit que

ce conseil avait nommé, il y a quelques années, une commission prise dans son sein, qui fut chargée de faire compulser les registres de mortalité des différents arrondissements du département pendant la durée des quatre années où toutes les bondes des étangs de la Brenne et de la Sologne furent levées, ce qui avait été ordonné par la convention. Il est résulté de cette enquête que l'arrondissement qui contient la Brenne, pays en grande partie couvert d'étangs, n'a pas perdu, pendant ce laps de temps, plus d'individus que les autres arrondissements, proportion gardée de leur population, quoiqu'un de ces arrondissements soit composé principalement de plaines calcaires à sous-sol imperméable, qui ne contient point d'étangs, et qui serait des plus sains s'il ne se trouvait pas sous l'influence des vents qui traversent la Brenne ou la Sologne, et le font ainsi participer aux fièvres et autres maladies qui sont les résultats de la quantité considérable d'étangs qui contribuent à rendre le centre de la France fiévreux. Cette enquête prouve, ce me semble, que, si le gouvernement ordonnait que tous les étangs autres que ceux qui servent de réservoirs à de très-grandes usines fussent desséchés, les parties de la France qui sont sujettes aux fièvres seraient débarrassées de ce fléau, qui rend certaines parties de notre pays, telles que la Sologne, la Brenne et la Dombe, presque inhabitables ; il rendrait ainsi un immense service ; car la bonne santé est le plus grand des biens. Une grande partie de ces étangs formeraient des prés ou au moins de bonnes terres, et ceux dont le sol serait incultivable pourraient être semés en arbres verts après avoir été bien égouttés.

M. de la Millanderie m'a fait voir un étang qu'il avait acheté, il y a sept ou huit ans, pour 3,000 fr. ; sa contenance est de 10 hectares ; il l'a desséché au moyen d'un simple fossé creusé dans le milieu ; il y a semé, partout où il n'y avait pas de Joncs, des graines de foin ramassées dans ses greniers à fourrage, et cela a fourni, sans autres soins, pendant cinq ans, une grande abondance de foin de bonn qualité. Au bout de ce temps, le pré s'est éclairci de manière à devoir être défriché ; mais dans les parties centrales et près de la bonde j'ai encore vu de l'herbe très-épaisse et de bonne qualité, ayant plus de 66 centimètres de hauteur, et qui était versée presque partout. La partie garnie de Joncs fut défrichée et marnée, et produit du Froment et de l'Avoine qui sont fort beaux. On a découvert une bonne marnière à côté de l'étang.

La plupart des étangs sont en bon fond et produiraient beaucoup plus en prés ou en culture qu'en eau ; leur desséchement rendrait un immense service à la France en l'assainissant ; cela ne ferait pas de mal aux propriétaires, à qui seulement cela donnerait de l'embarras pendant les premières années.

J'ai traversé pour la première fois la Brenne, dont je ne connaissais que le tour, et je pense que ce pays est loin de manquer de fertilité ; il vaut plus du double, sous ce rapport, que la Sologne ; les moutons s'y engraissent fort bien en pâturant dans les Bruyères, les friches et les chaumes. Il y a de la bonne marne dans presque toutes ses parties ; les Bruyères y poussent à plusieurs pieds de hauteur ; avec du noir animal elles donneront les plus belles récoltes de tout genre dès qu'on voudra les défricher. On voit partout des champs de Froment qui prouvent que la terre est bonne quand on la marne et qu'on la fume ; mais la population, qui y est très-clair-semée et chétive, ne peut cultiver et fumer qu'une très-petite partie de cette grande étendue. Ce qu'il faudrait à ce pays, c'est l'abolition des étangs ; cela permettrait à des cultivateurs étrangers à la province de venir s'y fixer comme propriétaires ou comme fermiers ; ils y apporteraient des connaissances en culture et des capitaux pour les mettre en œuvre.

M. de la Millanderie m'a fait voir un bois de Pins maritimes âgés d'environ douze ans, qui sont fort beaux ; il m'a dit les avoir semés tout simplement sur une Bruyère à laquelle

il avait fait mettre le feu par un fort hâle de mars, comme
cela se fait, dans l'intérieur de la France, pour se débarrasser des plantes de Bruyères et d'Ajoncs qui sont devenues
ligneuses, et les remplacer par de jeunes pousses plus convenables pour être pâturées. Il a fait semer la graine de Pins
une fois la cendre refroidie, et les Pins ont réussi, quoique
la Bruyère blanche ait repoussé assez vite pour cacher, pendant une couple d'années, les jeunes Pins, qui finissent par
prendre le dessus ; je n'eusse pas cru la chose possible, si je
ne l'avais vu de mes yeux. J'ai vu des semis, faits depuis
trois ou quatre ans, que la Bruyère dépassait en hauteur,
quoiqu'elle eût été brûlée ; mais les jeunes Pins étaient
cependant vigoureux.

M. de la Millanderie, ainsi que d'autres cultivateurs de
la Brenne, m'ont dit qu'ils engraissaient habituellement
leurs moutons, dans les fermes de ce pays, en ayant la toison et de 3 à 4 fr. de bénéfice sur le prix d'achat. On
achète aussi des brebis de Sologne ou du Crevant, en octobre ; étant pleines, on les paye de 7 à 8 fr. la paire ; on
vend les agneaux, en juin, de 3 à 5 fr. la pièce, et les brebis grasses, en août, pour 12 à 15 fr. la paire. Les petits
chevaux de la Brenne sont excellents, et l'on en voit souvent
qui sont jolis et assez distingués.

En allant de la Barre à Belabre, petite ville où il y a une
forge et un château, j'ai traversé une immense Bruyère en
bon fond, dont une grande partie appartient au marquis de
Belabre, qui, dit-on, est forcé de les conserver dans cet état
pour servir à la nourriture des nombreuses bandes de mulets
qui servent au transport des charbons faits dans les bois
considérables qu'il possède jusqu'à sa forge ; s'il pouvait
faire des chemins, ce transport se ferait à bien meilleur
compte sur des charrettes à bœufs ; mais il me semble que,
si j'étais à sa place, je créerais autour des bois, dans les
Bruyères qui les environnent, de petites fermes où je culti-
verais assez de fourrage pour nourrir ces mules sous des
hangars : elle s'en trouveraient mieux que du pâturage des

Bruyères, elles feraient du fumier, dans les cours des fermes, qui servirait à produire lesdits fourrages, et l'on pourrait ensuite disposer de la plus grande partie des Bruyères pour en faire de bonnes fermes très-productives au moyen de l'emploi du noir animal mélangé avec la semence du grain.

En me rendant de la Barre à Châteauroux, je me suis trouvé dans la voiture avec un cultivateur picard qui est des environs de Beauvais et qui m'a dit avoir acheté, il y a une couple d'années, une ferme de 50 hectares près Saint-Savin, à raison de 1,400 fr. l'hectare ; ce sont des terres à Luzerne et à Sainfoin. Il a acheté, depuis, à 1 lieue plus loin, une autre ferme dont les terres lui ont coûté moins cher. Comme il a un bail à achever dans l'Oise, il a mis, dans sa propriété de Saint-Savin, un homme de son pays qui fait valoir pour son compte. Il m'a dit qu'il y avait beaucoup de Picards fixés dans le centre de la France. Nous eûmes un voyageur de plus en entrant à Saint-Gaultier ; ce monsieur était un Bourguignon qui était venu acheter, dans le Berry, 80 hectares de Bruyères auxquels il nous a dit en ajouter d'autres lorsqu'il le pouvait. Nous avons remarqué, sur la route de Saint-Gaultier à Châteauroux, beaucoup de fermes nouvellement construites, ou bien d'anciennes auxquelles on avait ajouté de nouvelles constructions ; nous avons remarqué aussi beaucoup de Bruyères défrichées depuis quelques années, ou plus récemment ; on voyait de belles récoltes ou de bons chaumes sur ces défrichements qui annonçaient de la fertilité.

Je me suis rendu le lendemain de grand matin à la ferme-école du Treuillot, dont le directeur, M. Bouau, est de Dijon, mais a cultivé une ferme en Picardie pendant quatre ans ; il a loué la ferme qu'il occupe il y a deux ans ; elle se compose de 360 hectares, dont la plus grande partie de ce que j'ai vu m'a paru très-bonne, jugement facilité par une quantité considérable de fossés récemment faits, et qui annoncent généralement beaucoup de fond de terre.

Une partie de ces terres sont calcaires et pierreuses, les au-

tres sont des terres blanches, battantes ; une autre partie m'a
paru être en terres légères ; enfin j'en ai vu un champ qui était
argileux. Les élèves auront donc à cultiver tous les genres
de terre qu'on rencontre le plus habituellement. ¡M. Bouau
loue 36 fr. par hectare. On lui a construit une maison de
maître et une autre pour les élèves ; mais les bâtiments d'exploitation sont séparés en plusieurs fermes et se trouvent en
fort mauvais état ; il faut espérer que son propriétaire les
fera arranger et compléter. Il a un bail de vingt ans et près
de 11,000 fr. de loyer : c'est beaucoup pour commencer ;
car, avant que toutes ses terres puissent être bien cultivées,
bien fumées et couvertes de belles récoltes, il se passera
quelques années, et, en attendant, il faudra payer, chaque
année, les frais de culture et un loyer très-considérable. Il
faut un bien grand capital pour entrer, avec chances de succès, dans une ferme aussi étendue. Il avait dix élèves, mais
qui étaient tous très-jeunes et bien faibles pour le travail.

M. Bouau m'a fait voir une belle pièce de Trèfle, mais
elle aurait dû être fauchée depuis au moins quinze jours ;
un petit champ de fort belles Vesces. J'ai regretté de ne pas
trouver, à côté de celui-ci, un grand champ couvert de
Vesces d'hiver mêlées de Seigle et Avoine d'hiver. J'ai vu
un champ d'une couple d'hectares ensemencé en Betteraves
venant très-bien, fort propres, mais sarclées à la main.

M. Bouau m'a dit ne pas être partisan de la culture à la
houe à cheval ; mais, dans ce cas, il ne pourra jamais cultiver
les racines en grand, et il sera donc forcé de conserver la jachère morte ; car il ne trouvera pas, dans ce pays, assez de
main-d'œuvre pour faire tous les sarclages à la main d'une
sole de sa culture, et puis cela coûterait beaucoup trop cher.
J'ai regretté de le voir monté en instruments rien moins que
perfectionnés, à part la charrue en usage à Châteauroux,
qui est bonne, mais qui exige un attelage puissant, et qui
ne convient très-bien que dans les terres pierreuses et fortes.
Il n'admet pas les charrues sans roues, qui conviennent cependant parfaitement dans la plupart de ses terres. J'ai vu

une charrue attelée de quatre bœufs dans une terre facile; la raison, m'a-t-il dit, en est qu'il fait toucher les bœufs et labourer alternativement par un élève et le charretier, afin de dresser le premier. Il avait plusieurs charrues attelées de deux bons chevaux bretons. J'ai vu un troupeau très-considérable de moutons de pays conduit par un berger. Les Trèfles semés dans l'année étaient très-beaux; mais leur étendue n'est pas en proportion de celle de la ferme. J'ai vu un petit champ de Froment de mai qui était très-beau; j'ai remarqué, avec regret, un immense champ de petit Épeautre, qu'on nomme, dans ce pays, *Ingrain;* on le moissonnait à la faucille. On m'a dit l'avoir semé en place d'un autre grain, faute d'engrais; mais cette chétive récolte aura épuisé la terre pour plus de valeur qu'elle n'aura donné de produit net. J'ai parlé à M. Bouau du guano et des tourteaux comme engrais qu'on peut acheter pour produire des récoltes qui elles-mêmes augmenteront la masse du fumier; il m'a dit qu'il n'en avait pas encore employé et n'avoir pas bonne opinion du guano. Son professeur de pratique agricole est un laboureur picard qu'il a amené avec lui; son comptable est un homme âgé qui n'a aucune connaissance en agriculture. J'ai vu dans une autre ferme-école, dans un pays aussi très-arriéré pour la culture, choisir par le directeur, qui cultivait assez bien pour le pays, mais qui avait lui-même beaucoup à apprendre en fait de culture perfectionnée, choisir, dis-je, pour professeur de pratique, son maître valet, homme intelligent à la vérité, mais qui n'avait encore vu et entendu parler, en fait de culture, que de ce qui se passe en ce genre dans ses environs; le même directeur s'adjoignait, pour teneur de livres et économe, un très-jeune homme, son protégé, n'ayant aucune des connaissances qu'il devait inculquer aux élèves de l'école. Je pense que le ministre, tout en laissant aux directeurs le choix des trois professeurs attachés à ces écoles, devrait exiger d'eux que ce choix tombât sur des hommes très-instruits dans la partie qu'ils sont chargés d'enseigner aux élèves.

M. Bouau m'a paru être un homme fort bien élevé; j'ai regretté que mon temps limité m'ait empêché d'accepter son déjeuner, ce qui m'eût procuré l'avantage de causer plus longtemps avec lui.

J'ai visité, le 6 août, une propriété près de Neuvic-Saint-Sépulcre, département de l'Indre, qu'une personne qui vient de se retirer d'un petit commerce dans un faubourg de Paris vient d'acheter.

Cette ferme, assez mal bâtie, se compose de 10 hectares d'excellents prés susceptibles d'irrigation, de 5 hectares de beaux taillis et de 20 hectares d'excellentes terres, un peu difficiles de culture; elle lui coûte 40,500 fr., tout compris. Il s'y trouve un cheptel de beau bétail se montant à une valeur de 5,000 fr.; cela fait donc à peu près 1,000 fr. par hectare, ce qui n'est pas cher, vu la grande étendue de bons prés qui, détaillés, dans le pays vaudraient au moins 3,000 fr. l'hectare. Il s'y trouve une excellente marne grise et schisteuse dont il serait intéressant de connaître l'analyse, car elle est très-fertilisante. Ce genre de marne existe aussi sur les bords de l'Arnon, près de Lignières, dans le département du Cher, où les terres sont d'une grande fertilité. Son petit troupeau provient d'un croisement de brebis berrychonnes avec un bélier dishley; cela lui a donné de la taille et de meilleures formes, et l'ancien métayer vendait, à cause de cela, ses agneaux, à l'âge d'un an, de 20 à 25 fr. la pièce; il a souvent vendu des jeunes béliers de choix pour 40 et 50 fr. pièce. Ce propriétaire a profité de la panique qui existait à Paris pour acheter deux très-fortes et belles juments de travail qu'il a eues pour le tiers de leur valeur : elles lui servent pour approcher les matériaux nécessaires à la construction d'une jolie maison, ainsi que pour marner ses terres, ce dont il comprend le grand avantage. Les terres se vendent, dans ces environs, au détail, 1,600 fr. l'hectare.

En visitant Puymoreau, je fus charmé de voir un fort beau Trèfle dans un champ qui a été chargé, il y a cinq ans, des débris de terre argileuse, contenant quelques veines de marne provenant de la fouille occasionnée par la construction d'un four à chaux. Un autre champ contenait de fort belle Avoine, réellement aussi belle que celle que j'avais tant admirée chez M. Salvat, dont les terres d'alluvion de la Loire se louent 200 fr. par hectare, tandis que la terre dont je parle ici n'avait coûté, il y a quelques années, que 300 fr. au plus; mais on l'avait très-fortement marnée avec ces terres de fouille; elle suivait, sans qu'il y eût eu de jachères, deux très-belles récoltes de Froment. Un autre champ de terres très-caillouteuses, qui avait reçu aussi une forte couverture de terres et décombres, contenait une fort belle luzernière.

Un métayer luxembourgeois, qui se trouve dans une des fermes de Puymoreau, a augmenté, par sa grande activité, son intelligence et ses soins, les produits de sa ferme, de manière à ce qu'elle produit, depuis qu'il y est, autant que les deux meilleurs domaines de Puymoreau réunis, et cependant sa ferme ne produisait, auparavant, guère que moitié de chacun de ceux-ci. Les Avoines de cet homme sont généralement belles; ses Avoines d'hiver ont été superbes, et je pense que, dans le climat sec et peu froid du centre, on devrait en semer beaucoup, quitte à ce qu'elles soient gelées une fois sur huit ou dix ans.

Un des champs les plus sablonneux et les plus maigres de la terre de Puymoreau a eu une assez forte application de débris de four à chaux, c'est-à-dire de chaux fusée et mêlée avec les cendres de tuilerie; ce champ a donné, dans les cinq années qui ont suivi cet amendement, de fort belles récoltes. On peut donc dire qu'il n'y a pas de mauvaises terres pour un bon cultivateur qui ne manque pas d'argent pour pouvoir bien faire et surtout bien fumer. Une Bruyère défrichée par écobuage, il y a cinq ans, a donné d'abord une belle récolte de Colza en graine, l'année suivante un beau Seigle; la troisième année, on a eu un Méteil haut de plus de 5 pieds. Au moyen d'une application de 10 hectolitres de noir animal, qui, cette année, ne coûtait à Paris que 6 fr. l'hectolitre, la quatrième année vient de donner une superbe Avoine d'hiver très-épaisse et haute de 2 mètres, et ce champ se ressentira encore deux ans de ces 10 hectolitres de noir.

Ce métayer luxembourgeois, qui cultive si bien malgré son manque absolu de capitaux, et dont les huit enfants sont encore fort jeunes, est parvenu à faire deux cents voitures de fumier au bout de trois ans de culture, dans une ferme épuisée, dans laquelle un métayer du pays n'en eût pas fait plus de soixante. Il se nomme Michel Wanderscheidt. Il a été, étant jeune, garçon boucher ; ayant un bœuf gras à vendre, dont le boucher ne voulait lui donner que 150 fr., il s'est décidé à le tuer pour lui-même et à en saler la viande. Il a vendu ce qu'il a pu de cette viande, qui était excellente et fort grasse, au dire de ceux qui en ont acheté, à raison de 60 centimes le kilogramme; ce qui a produit, avec le prix de la peau et du suif, une somme de. . . . . 76 fr.
Il a salé 175 kilog. qui, à raison de 60 cent., font   105   »
____
181   »

Il a eu pour sa peine 31 fr., et de la viande à raison de 60 centimes, qu'il eût payée 1 fr., s'il l'avait achetée.

Je suis allé de Puymoreau, qui vient d'être acheté par un maître de poste picard, excellent cultivateur, chez M. Durand, un de mes bons amis. Il cultive une ferme de sa propriété de Bois-Habert, près de Lignières, département du Cher. Il a acheté cette terre il y a quelques années, et elle passait pour être mauvaise ; il a maintenant, tous les ans, de superbes récoltes. Ses froments, cette année, ont été d'une grande beauté. Il a eu des pièces dont le produit dépassera 35 hectolitres par hectare. M. Durand a des Avoines et des Orges remarquables ; ses Trèfles de l'an dernier et ceux semés ce printemps sont très-épais et vigoureux. Il a de très-bons Sarrasins, et des champs de Pommes de terre et Betteraves très-nets et promettant un grand produit. Il a fait un essai en semant une ligne de Betteraves au milieu du champ ; après avoir trempé la graine dans de l'eau et puis l'avoir roulée dans le noir animal, cette ligne de Betteraves, qui, du reste, a été fumée comme tout le champ, donnera au moins un poids double de celui de ses voisines. Mais le champ a été défriché, il y a seulement quelques années ; sans cela, le noir animal n'eût pas produit ce résultat. Ses Rutabagas n'ont pas réussi, à cause de l'extrême sécheresse qu'il a encore fait cette année, dans le centre. Il cultive le Moha avec le plus grand succès. Le noir animal réussit à merveille dans ses terres, dont cependant il y en a qui sont défrichées depuis douze ou quinze ans. Il a de l'excellente marne, qui agit presque comme du fumier ; la chaux y produit aussi des merveilles. On va essayer, au printemps prochain, l'emploi du guano, il en a demandé 2,000 kilog. à Nantes : il compte l'employer de différentes manières comme essai ; mais il ne donnera à une partie de ses Froments qu'une demi-fumure cet automne, et complétera au printemps la fumure en guano.

C'est ainsi que les Anglais obtiennent les plus beaux produits. Il a habituellement de superbes récoltes de Colza et d'Avoine d'hiver. Il a planté un verger considérable avec des arbres qu'il avait élevés lui-même en pépinière et que ses fils ont greffés : ils viennent fort bien, excepté les Poiriers ; et cependant les Poiriers sauvages qui se trouvent dans les haies de sa terre sont presque comme des Chênes. Ses terres étant humides, il en a drainé une partie, en mettant des pierres et des Bruyères au fond des rigoles ; il a planté ses rangées d'arbres dans des fossés larges et profonds, qui avaient été arrangés comme des rigoles de drainage.

Ce qui lui a produit le plus tôt du fruit, après avoir acheté cette terre, qui se compose de 400 hectares et qui est partagée en deux par une belle roue allant de Lignières à Saint-Amand-sur-Cher, ce sont d'abord des noyaux de Pêches de Vignes ainsi que de la Pêche-bourdin et de la Chevreuse, plantés dans son verger en place et qui ont donné beaucoup de Pêches dès la quatrième année après la plantation des noyaux, ces arbres n'ayant pas besoin d'être greffés. Les Pêches de Vignes des bords du Cher sont bien supérieures à celles du même genre qu'on trouve plus au nord. Ensuite les greffes nombreuses faites sur les sauvageons qui se trouvent dans les haies des champs ont fourni d'autres fruits. Les Haricots rouges, qu'on cultive fort en grand dans les environs de Graçay, petite ville à quelques lieues de Vierzon, sont d'un bien plus grand produit que les autres Haricots nains cultivés dans les champs, et se vendent mieux ; car on en embarque beaucoup pour Nantes.

M. Durand a huit bœufs de travail, deux taureaux, treize vaches, six veaux, cinq chevaux et un poulain. Il a croisé de fort belles vaches suisses qu'il avait, et dont il lui en reste quelques-unes, avec des taureaux charolais. Les bêtes provenues de ce croisement sont belles, mais moins belles que les suisses, et surtout moins bonnes pour le lait. Il a un troupeau de cent moutons du pays. Ses terres, souffrant beaucoup de l'humidité, ne conviennent guère qu'à des moutons de passage, qu'on engraisse et qu'on remplace. Les jeunes bœufs croisés suisses et charolais travaillent bien dès l'âge de trois ans, et s'entretiennent en bon état, malgré le travail.

Au bout de quelques jours passés avec ces excellents Durand, je me suis remis en route avec le second fils de mon ami, et nous sommes allés faire une visite à M. Auclerck, riche propriétaire et zélé agriculteur, qui cultive, depuis trente ans, une ferme qu'il possède dans la commune de Bruère, qui se trouve sur la route de Bourges, à environ 2 lieues avant d'arriver à Saint-Amand. Je connaissais M. Auclerck, mais je ne l'avais jamais visité ; il ne cultive que 52 hectares de terre ; il a, avec cela, 8 hectares d'excellents prés qu'il irrigue, mais dont il vend le foin et ne conserve que le regain et le pâturage. Il a adopté un assolement alterne libre : il cultive 6 hectares en Betteraves, Carottes et Pommes de terre, qui sont fort belles et parfaitement sarclées ; il nous a fait voir une grande pièce de Sarrasin fort bien fumée, et dont la plante avait plus de 1 mètre de haut, qu'il emploie à nourrir son nombreux bétail, se composant de quarante-cinq têtes. Il a des luzernières faites dans de mauvaises terres caillouteuses qui n'ont que 16 centimètres de sable sur une grande profondeur de galets presque purs ; mais il a fumé ce terrain, six ans de suite, à raison de 40 à 50 mètres cubes de fumier, avant de se hasarder à le semer en Luzerne, et elle ne donne, année commune, que 3,500 kilog. de fourrage en deux coupes, c'est bien peu ; mais, après dix ans, une luzernière défrichée lui donne de 70 à 80 hectolitres d'Avoine sur cette détestable terre. J'ai vu un petit champ de Maïs blanc des Pyrénées, qui avait près de 2 mètres de haut, et qui était très-vigoureux.

M. Auclerck nous a dit qu'il avait, depuis fort longtemps, toujours de fort belles récoltes en tout genre, quelque temps qu'il fasse. Il attribue ses résultats heureux à ses fortes fumures et au repos que ses terres légères prennent lorsqu'elles sont en Luzerne ou bien semées en pâturage durant trois ans au moins. Il a plus d'une tête de gros bétail par hectare, et fume tous les deux ans, à raison de 40 à 50 mètres cubes par hectare.

M. Auclerck emploie dix-huit bœufs, tant vieux que jeunes, pour cultiver les 52 hectares, parmi lesquels j'en ai vu de très-gros ; mais, pour ne pas les fatiguer, il en met au moins quatre et souvent six à la charrue Rozé, et, comme une grande partie de ses terres sont à 1 lieue de sa ferme, les bœufs ne font qu'une attelée, partant à six heures du matin et rentrant à quatre heures de l'après-midi, au plus tôt ; ils restent ainsi dix heures sans manger et n'ont qu'une demi-heure de repos, pendant que les laboureurs dînent. J'ai trouvé sa vacherie belle, mais bien inférieure à celles de MM. Salvat. Ces bêtes sont le produit de taureaux durhams avec des vaches bretonnes, limousines, et principalement avec des charolaises, qu'il préfère maintenant. Il m'a dit avoir une vache provenant d'une mère bretonne et d'un père charolais de pure race, qui donne cependant 16 litres à nouveau lait. Il veut vendre de jeunes taureaux trois quarts de sang durham 300 fr. pièce, et de belles génisses, âgées d'un an à dix-huit mois, de 150 à 200 fr.

M. Auclerck a de très-beaux bœufs croisés durhams qu'il assure être très-bons pour le travail ; ils m'ont paru être en fort bon état, malgré leur nourriture, qui ne se composait, lors de ma visite, que de ce grand Sarrasin à moitié mûr, à tiges rouges et coriaces. Il est probable que c'est le grain qui se trouve après ces tiges qui les nourrit si bien. Il nous a fait voir un champ de Carottes semées en lignes entre celles du Colza, qui avait été repiqué ; les Carottes furent semées en avril. Après la moisson du Colza, il a fait arracher les tiges de celui-ci, a donné une façon à la houe à cheval, et puis a semé, fin de juillet, des Navets qui forment des lignes entre les Carottes ; c'est une véritable culture flamande.

Nous avons quitté M. Auclerck, enchantés de ce que nous avions vu chez lui. J'oubliais de citer les élèves de chevaux de selle et de voiture qu'il fait avec avantage, nous a-t-il dit. Il a un troupeau du pays.

Nous avons traversé Saint-Amand, qui se trouve dans la vallée du Cher et sur les bords du canal du Berry, qui va à Paris et à Nantes en se jetant dans le Cher, à Saint-Aignan, et en rejoignant la Seine au moyen du canal de Briare. Les environs de Saint-Amand sont fort bien cultivés et très-fertiles ; les nombreux vignerons qui cultivent les coteaux en Vignes sèment beaucoup de Chanvres du Piémont dans les riches terres d'alluvion, et font des Luzernes dans les terres légères, quoique les prés naturels soient nombreux et abondants. On m'a dit qu'il se vendait des terres jusqu'à 8 et 10,000 fr. l'hectare. Nous avons ensuite suivi la vallée de Saint-Pierre jusqu'à Charenton, toujours dans un pays beau, fertile et riche ; mais les terres n'y valent plus que de 2 à 3,000 fr.

De Charenton, où nous avons couché, à Bannegon, le pays n'est ni beau ni riche. Peu de temps avant d'arriver dans ce dernier endroit, les terres s'améliorent et deviennent ensuite excellentes, mais d'une culture assez difficile.

Nous avons été visiter M. Mathivon, qui a été un des élèves de M. de Dombasle. Il a d'abord cultivé ses herbages en revenant de Roville ; il nous a dit s'être mal trouvé de la culture de ces terres, qu'il dit être trop sèches en été et très-humides en hiver, qui lui donnaient, à la vérité, de superbes Trèfles et de fort belles Avoines, mais jamais de bons Froments ; il les remet maintenant en herbages, et se monte en vaches et élèves charolais. Il approuve beaucoup le croisement de cette espèce avec les taureaux durhams ; mais il trouve ces derniers trop chers et n'a donc qu'un taureau de la race blanche.

Nous l'avons quitté pour aller chez un de ses voisins, M. Defoulnay, qui a aussi envoyé son fils, il y a quelques années, faire son éducation agricole à Roville : elle lui a mieux profité, je crois, qu'à M. Mathivon ; du moins son père et lui cultivent leurs terres d'une manière très-perfectionnée. Nous y avons vu, dans des terres assez fortes, mais très-fertiles, d'excellentes luzernières, une dizaine d'hectares de récoltes sarclées, très-bien cultivées et en lignes : elles se composaient de superbes Betteraves, de Pommes de terre et de Maïs fourrage ; ce dernier, semé en lignes espacées de 25 centimètres, est très-vigoureux : du Sarrasin mêlé de Vesces pour fourrage. Les grains avaient dû être très-beaux, à en juger d'après les chaumes.

Ce qui est surtout admirable chez MM. Defoulnay, ce sont leurs bestiaux, qui, en bêtes à cornes, dépassent le nombre de soixante. Ce bétail se compose d'abord de deux taureaux durhams, dont un, qui est magnifique, a été acheté à Pousserie, après y avoir été employé comme reproducteur ; il est âgé de huit ans et paraît encore très-vigoureux.

M. Defoulnay a aussi deux vaches de pure race courtes-cornes; il a encore quatre vaches normandes, reste de celles qu'il a été choisir dans ce pays : les autres bêtes proviennent des premier et deuxième croisements durham et normand ; elles ressemblent infiniment aux bêtes courtes-cornes; celles qui sont prêtes à vêler sont très-grasses.

M. Defoulnay a quinze vaches, parmi lesquelles il y en a plusieurs qui donnent de 16 à 18 litres de lait; il m'a dit que ces vaches croisées durhams étaient aussi bonnes, sous ce rapport, que les normandes. Cette étable m'a paru être supérieure à celle de Nozieu.

M. Defoulnay ne fait pas travailler les bêtes à cornes; il engraisse ses jeunes bœufs assez jeunes pour les vendre au boucher à trois ans ou quarante-deux mois; il m'a dit qu'à cet âge si peu avancé ils arrivent au poids de 400 à 450 kilog. viande nette, et avoir vendu, il y a peu de temps, une vache de première génération durham-normande qui, n'ayant pas voulu vêler, avait été engraissée et avait donné 550 kilog., viande nette, étant âgée de moins de six ans. Il laisse teter les veaux jusqu'à l'âge de cinq ou six mois; on élève ensuite les jeunes bêtes au pâturage, en été, jusqu'à l'âge de deux ans, époque à laquelle elles ne sortent plus de l'étable ; elles reçoivent, dans ce moment, du Sarrasin mêlé de Vesces ; en hiver, elles ont des racines et du foin. Il donne à ses bêtes à l'engrais du tourteau de Noix, qui lui coûte au plus 200 fr. les 1,000 kilog. Il a quatre génisses de trente mois qui sont de toute beauté; deux, parmi elles, sont de deuxième croisement durham. Il compte toujours donner des taureaux durhams. Comme ses bêtes sont destinées à rester à l'étable et qu'il les nourrit bien, je pense qu'il pourra réussir, même avec l'espèce durham pure.

M. Defoulnay a fait mettre des doubles portes et volets garnis en fil de fer à ses étables, afin de les aérer et d'empêcher les volailles d'y pénétrer. M. Defoulnay fils a été pendant un an à Roville, quelques aunées avant M. Mathivon; il est persuadé que les terres de leurs environs doivent produire beaucoup plus par une bonne culture que si elles restaient en herbages. Il espère porter le nombre de son gros bétail à une tête par hectare ; il en cultive 120, dont 30 sont en fort bons prés. Il se sert du semoir, du scarificateur, de la herse et de la charrue de Dombasle.

Après avoir déjeuné avec ces messieurs, nous nous sommes rendus à Germignÿ, d'où nous sommes allés visiter, pendant que notre cheval mangeait, la superbe ferme de M. Chamard, cultivateur très-connu dans ce pays : nous ne l'avons pas trouvé chez lui, mais nous avons vu une soixantaine de belles bêtes à cornes charolaises ; nous avons parcouru d'immenses herbages qui ne nous ont pas paru très-gras. Les terres en culture sont excessivement fortes ; on les laboure avec trois grosses juments ou bien six bœufs. Il y avait de fort beaux chaumes de Fèves d'hiver, les Avoines n'étaient pas belles, les bâtiments superbes et les chemins impraticables.

Nous avons été coucher à la Guerche, et nous nous sommes rendus le lendemain, de bonne heure, chez M. Louis Massé, le fameux éleveur et améliorateur de l'espèce charolaise. Je l'avais rencontré à des congrès d'agriculture, mais je n'étais pas encore allé chez lui. Il nous a reçus en amis, nous a fait tout voir, nous a tout expliqué, et a bien voulu répondre à mes questions incessantes avec le plus de complaisance possible.

M. Massé était officier d'infanterie dans les dernières années de l'empire, et c'est en parcourant l'Allemagne que son goût pour l'agriculture s'est développé. Ayant quitté le service en 1815, il tourmenta son père, qui était notaire à Germigny, jusqu'à ce que celui-ci lui eût loué une de ses fermes. Il y a donc plus de trente ans que M. Massé cultive, et il s'est mis à améliorer la race charolaise qui existe chez lui peu d'années après être devenu cultivateur. Il a toujours douze vaches de choix à l'étable, d'où elles ne sortent que pour aller boire. On ne peut rien voir de mieux. Elles ne sont pas d'une grande taille, mais ont des formes parfaites, sont grasses à lard et d'une douceur incomparable. Le reste de son bétail, à part les taureaux, reste, pendant toute

la bonne saison, au pâturage, et nous l'avons trouvé en bon
état, malgré l'état desséché et brûlé des herbages. Il hiverne
habituellement à la ferme de la basse-cour, en plus des douze
vaches en question, six génisses; ces dernières rentrent de
la pâture en automne; il y joint un taureau ou deux. Dans sa
ferme, qui est éloignée de son habitation, se trouvent quinze
vaches mères; celles-ci, ainsi que leur progéniture, ne reçoivent pas de racines, car il n'en cultive pas dans cette
ferme : on ne leur donne que 7 kilog. 1/2 de foin et de la
paille jusqu'à ce qu'elles aient vêlé. Celles de la basse-cour
reçoivent, après avoir vêlé, 10 kilog. de foin, de la paille et
et de 15 à 25 kilog. de Betteraves. Il nous a dit que cette
espèce de vache élevait fort bien son veau, mais qu'il ne
fallait pas compter sur du lait. Ses meilleures vaches laitières
arrivent au plus à 8 ou 10 litres de lait. Cette espèce de bêtes
bovines est très-précoce. Il nous a dit qu'il lui était arrivé
plusieurs fois d'avoir eu des génisses, âgées seulement de
cinq et six mois, qui, se trouvant au pâturage avec des veaux
mâles du même âge, étaient devenues pleines et lui avaient
fait de bons veaux. Il nous a fait voir un jeune taureau
qu'il élève pour la reproduction chez lui, qui provient d'un
accouplement aussi extraordinairement précoce. Il nous a
fait voir des bœufs âgés de cinq à six ans qu'il nous a dit
devoir donner 650 kilog., viande nette, chacun.

M. Massé a de bonnes juments nivernaises, auxquelles il
donne un étalon percheron, et ses élèves sont fort bien ; il
les vend, à l'âge de dix-huit mois ou deux ans, dans les prix
de 5 à 600 fr. Il nous a dit qu'il était bien préférable d'engraisser des animaux jeunes. Au lieu de bœufs arrivés à
toute leur croissance, un bœuf âgé de quatre ans augmentera par l'engrais de manière à arriver d'un poids vivant
de 700 kilog. à celui de 1,000 kilog., tandis qu'un bœuf de
six à sept ans n'augmentera que de 100 à 150 kilog. au
plus. Il compte le poids net d'un animal gras devoir donner
60 pour 100 du poids vif. M. Massé admet que le premier
croisement durham-charolais vaut mieux pour la bouche-

rie, c'est-à-dire produira plus de bénéfice que l'espèce pure charolaise, surtout si les croisés doivent être nourris à l'étable ; mais il soutient que l'espèce qu'il a améliorée convient infiniment mieux pour être élevée au pâturage, surtout dans des pâtures de beaucoup inférieures aux herbages de Normandie, et dans un pays aussi exposé aux sécheresses que l'est le centre de la France.

Il nous a dit que les bœufs âgés de trois à quatre ans donnent, en moyenne, chez lui, de 4 à 450 kilog. nets, et les vaches de cinq à six ans, de 3 à 350 kilog. Il faisait dix génisses âgées de deux à trois ans, à prendre sur douze de la même année, 3,000 fr. ; un taureau âgé de dix-huit mois, 500 fr. ; des vaches de cinq à six ans, de 4 à 500 fr.

Il nous a dit que, pour avoir une bonne paire de bœufs de race charolaise achetés à la foire des Brandons ou à la Saint-Cyr, deux foires des plus considérables de la ville de Nevers, il fallait y mettre jusqu'à 7 et même 800 fr. ; on les fait labourer pendant l'été, et ils seront vendus, après avoir été engraissés pendant l'hiver suivant, de 1,000 à 1,200 fr. On arrivera à ce dernier prix, s'ils sont très-gras. Il nous a encore dit que toutes les foires de Nevers étaient bonnes depuis le commencement de février jusqu'à la fin de mai.

M. Massé avait vendu, en avril 1848, deux jeunes bœufs élevés par lui, étant âgés de trois ans et neuf mois et pesant ensemble 2,320 kilog., qu'il avait préparés pour le concours de Poissy, pour la somme de 1,800 fr. Il a pu amener un bœuf destiné au concours, qui a consommé, vers la fin de son engraissement et pendant plus d'un mois, la ration suivante pour vingt-quatre heures : 7 kilog. et demi de foin, 40 kilog. de Betteraves, 5 kilog. de tourteaux de Noix, enfin 9 kilog. d'un mélange de farines composé d'un tiers de Féveroles, un tiers de Maïs, et le reste en Orge. Le mois précédent, ce bœuf avait consommé un peu moins ; il a produit 613 kilog. de viande nette. Il nous a dit encore que plus on pouvait faire consommer par une bête en graisse, cela sans la dégoûter ou la rendre malade, plus il y avait de bénéfice. Ses terres sont, en général, très-fortes, et une partie d'elles se trouvent, en outre, pierreuses. Il laboure, 75 hectares, dont 45 faisant partie de la ferme de la basse-cour sont en culture alterne avec des racines; celles-ci ne sont faites que dans des étangs desséchés qui sont d'une haute fertilité, mais toujours d'une grande difficulté de culture. Il cultive les racines pendant quatre ans de suite dans un étang et puis, les quatre années suivantes, dans un autre étang, qui entre eux deux ont une douzaine d'hectares. Les autres terres produisent, tous les quatre ans, du Trèfle, tous les deux ans du Froment, et dans le dernier quart une jachère couverte d'Avoine mêlée de Vesces, et du Maïs blanc des Pyrénées semé pour fourrage en lignes espacées de 33 centimètres. Il ne met que trois juments et jamais plus de quatre bœufs à une charrue; il se sert de celle de Dombasle.

M. Massé fait un grand cas des Betteraves et Carottes; il prétend que, si les 1,000 kilog. de foin valent 60 fr., les 1,000 kilog. de Betteraves en valent 30, pour être consommés par le bétail. Ses étangs lui en produisent environ 40,000 kilog. par hectare, et ses terres n'en donnent pas beaucoup plus de moitié. Celles qu'il récolte dans ses étangs ne lui reviennent pas à plus de 8 fr. les 1,000 kilog., tout compté, même le transport du champ peu éloigné, à la maison.

M. Massé a commencé, depuis deux ans, à chauler ses terres à raison de 150 hectolitres par hectare, et il se loue beaucoup de cet amendement; il paye la chaux 90 centimes l'hectolitre; mais on n'en trouve pas beaucoup à acheter. Je l'ai fortement engagé à construire un four à chaux sur sa propriété; il y a la pierre calcaire, et n'est qu'à une demi-lieue du canal qui lui amènera la houille de Commentry. Il pourra faire de la chaux à 60 ou 75 centimes au plus.

Dans le domaine qu'il fait valoir et qui est à peu près à 2 kilomètres de son habitation, son assolement est jachère complète, Froment, Trèfle et Avoine. Sur 65 hectares il en cultive 24, et laisse le reste en herbages qui n'ont pas l'air d'être très-bons. Ce domaine lui rapporte un grand tiers de plus qu'un autre domaine qui est à 2 lieues de chez lui et qui se compose de 108 hectares de qualité égale; ce dernier est entre les mains d'un métayer et pourrait être loué de 5 à 6,000 fr. Il nous a dit avoir complétement renoncé à cultiver des Pommes de terre; car il les perdait presque toutes depuis l'invasion de la maladie. Il n'a jamais cultivé la Féverole d'hiver et n'est pas satisfait du produit de celle du printemps. Il sème ses Froments avec le semoir Hugues à raison de 130 litres par hectare. Il nous a fait voir un champ pierreux, mais calcaire et en pente rapide, qui lui a donné, l'année passée, 36 hectolitres de Froment et un autre champ qui a produit 81 hectolitres d'Avoine par hectare. M. Massé se plaint beaucoup de l'humidité d'une bonne partie de ses terres; je l'ai engagé de prier M. Lupin de lui céder environ trois mille tuyaux d'assainissement, pour pouvoir drainer avec eux 1 hectare de ses terres les plus humides, et s'il est satisfait de cette opération, comme je n'en doute pas un instant, d'acheter alors une machine à faire des tuyaux, pour drainer toutes ses terres humides, ce qui augmentera de beaucoup leur produit, tout en les rendant infiniment moins difficiles à cultiver. M. Massé nous a cité une propriété de ses environs, qui avait été achetée 120,000 fr. il y a vingt-cinq ans. Elle se compose de 250 hectares, qui sont en très-grande partie en herbages; elle a été estimée, il y a deux ans, pour être partagée entre deux familles qui n'étaient pas d'accord, et a été portée à 500,000 fr.; il se trouvait dessus pour 10,000 fr. de cheptel attaché à la terre.

Il a la meilleure espèce de cochons d'Angleterre, ce sont les croisés chinois et napolitains, pour lesquels M. Fisher Hobs, un fameux cultivateur du comté d'Essex, obtient depuis une dizaine d'années, à chaque concours de la Société royale d'agriculture d'Angleterre, plusieurs prix. Il nous a fait voir une fort belle truie, qui lui donne chaque année, en deux portées, de vingt à vingt-quatre petits cochons, qu'elle élève très-bien, et cela ne l'empêche pas d'être grasse à lard ; il vend les petits à l'âge de deux mois, aux personnes qui désirent avoir cette race précieuse , 25 fr. la pièce ; il nous a dit que, en les tuant à l'âge de dix-huit mois, ils pèsent jusqu'à 200 kilogr., et c'est cependant une espèce moyenne.

M. Massé irrigue ses herbages autant que la chose est possible. Il fait encore fauciller ses Froments, et ne se sert pas du hache-paille ni de la machine à battre. M. Massé a fait défoncer tout son beau potager à plus de 1 mètre de profondeur, d'abord pour l'assainir, car il était excessivement humide, et, par conséquent, froid et tardif, ensuite pour que les arbres fruitiers qu'il a fait venir de Paris, de chez Jamin (pépiniériste des plus renommés pour les bons fruits nouveaux et anciens), et qu'il allait planter, pussent prospérer. Il a bien réussi, car on ne voit nulle part de plus belles quenouilles : elles étaient couvertes d'une abondance de Poires superbes ; voici les noms de celles qui m'ont paru les plus remarquables et qu'il a pu me recommander comme étant très-bonnes : Beurré d'Amandis, Beurré d'Hardempont, Beurré d'Aremberg, Beurré d'Yel, Beurré de Picquery, Beurré Chaumontel, Beurré Napoléon, Doyenné d'hiver, nouveau Doyenné d'hiver, la nouvelle Bouzoche, Colmar d'Aremberg, Passe-colmar, Louise d'Elcourt, Saint-Michel-Archange, jalousie de Fontenay-Vendée.

M. Massé a été parfait pour nous ; il nous a forcés de rester vingt-quatre heures chez lui, temps qui a profité beaucoup à mon instruction agricole, et il m'a fait promettre de venir passer quelques jours chez lui, qu'il compte employer à me faire visiter plusieurs cultivateurs distingués de ce pays et du Nivernais ; j'espère que rien ne m'empêchera de profiter de cette aimable invitation. Son habitation se nomme *Martou* ; elle n'est qu'à 2 kilomètres de la Guerche, où nous sommes retournés pour aller voir M. Tachard, qui, ayant été prévenu par M. Massé, nous attendait pour nous conduire dans un domaine des plus riches du pays, qui se composait presque entièrement d'étangs quand il l'a acheté il y a vingt-cinq ans. Il a transformé les étangs en excellents herbages ; ce qui, avec l'effet du temps, a quadruplé la valeur de ce beau bien, qui, avant qu'il en fût le propriétaire, rendait ces environs très-fiévreux. Son domaine se compose de 164 hectares, dont 120 en prés ou herbages excellents, 4 en taillis et 40 en bonnes terres très-fortes. Il m'a dit que, étant âgé, il voulait vendre cette propriété dont il demande 350,000 fr.; on lui en offre 12,500 fr. par an, à condition d'avoir un bail de vingt ans. Le domaine est fort mal bâti.

M. Tachard entretient une centaine de bêtes à cornes sur cette propriété : elles se composent d'un fort beau taureau courtes-cornes, qui est venu d'Angleterre et qui lui a coûté à Alfort 2,000 fr., il y a trois ans. Une partie de ses vaches proviennent d'une importation que M. Brière, d'Azy, a faite, en 1826 ou 1827, du comté de Durham ; mais ces bêtes n'étaient pas de l'espèce des courtes-cornes perfectionnées par Collings, ou du moins ne provenaient que de croisements faits entre des taureaux de Collings et de vaches de l'ancienne race du pays, qui est réputée pour son abondant produit en lait : cette espèce est assez facile à reconnaître à des taches de couleur noire ou d'un brun très-foncé. M. Tachard a un certain nombre de vaches de pure race courtes-cornes, qui, avec son beau taureau et ses bons herbages, produisent de fort beaux élèves, dont il vend les jeunes taureaux, âgés de six à huit mois, 400 fr. Ses génisses, âgées d'un à deux ans, sont fort belles ; il nous a dit ne jamais en vendre. Il se défait de ses vaches après les avoir engraissées ; il m'en a montré trois qu'il venait de vendre pour 1,050 fr. Le reste de ses bêtes se compose de vaches charolaises et des produits de toutes ces vaches tant en jeunes bœufs qu'en génisses. Il nous a fait voir un bœuf âgé de cinq ans qui était fort beau : il provenait d'un taureau courtes-cornes et d'une petite vache bretonne. Chez M. Massé nous avions vu un fort joli bœuf provenant d'une vache bretonne et d'un taureau charolais.

M. Tachard hiverne de quinze à dix-sept vaches et leurs veaux de l'année à la Guerche, et il y a aussi des bêtes à l'engrais. Il nous a ramenés chez lui pour déjeuner, après quoi mon jeune compagnon de voyage m'a quitté pour retourner chez son père, et j'ai pris la diligence qui m'a déposé à Bourges. D'après ce que j'ai vu dans ces quatre jours, si j'avais une culture à monter, j'adopterais, une fois que j'aurais de quoi bien nourrir mon bétail à l'étable, de préférence, les vaches cotentines, pour les croiser avec un fort beau taureau durham ; car les vaches provenant de ce croisement sont bonnes laitières, et la viande des bêtes cotentines est bien supérieure à celle de l'espèce charolaise, qui, de son côté, a l'avantage d'être plus précoce et de s'engraisser plus facilement ; mais son défaut capital est son très-petit produit en lait. Quant à M. Massé, il a le grand mérite de marcher sur les traces des fameux éleveurs anglais, qui ont mis beaucoup de talents et de soins, pendant toute leur vie, à rapprocher une race bien choisie de la perfection, sans mélange avec une autre race.

Il serait bien à désirer que d'autres propriétaires jeunes, intelligents et riches fissent de même pour plusieurs de nos belles races de bêtes bovines françaises ; quant à la masse des bons cultivateurs, ils auront toujours plus de profit en croisant les races de leurs pays avec des taureaux courtes-cornes que s'ils entreprenaient de les perfectionner.

Dans les fermes où la nourriture est moins abondante, ou bien dans celles où l'on tient à faire de très-bons bœufs de travail, on devra se servir d'un taureau de la jolie espèce des devons du Nord, qui est petite, mais très-forte, qui a beaucoup d'activité et qui s'engraisse très-bien, même dès l'âge de quatre ans. Les vaches de cette espèce ne donnent pas beaucoup de lait ; mais il est très-gras. Un grand fermier de lord Leicester m'a assuré que dans sa ferme, qui était com-

posée de terres rien moins que fertiles, ses vaches lui four-
nissaient, les unes dans les autres, 180 livres anglaises de
beurre par an ; ce qui ferait 80 kilogrammes.

Si un cultivateur désirait avoir des vaches très-abondantes
en lait , tout en consommant moins de nourriture que les
autres espèces, ce serait un taureau de la charmante race de
bêtes à cornes du comté d'Ayr, en Écosse. Des vaches bien
choisies dans cette espèce , qu'on nourrit parfaitement chez
les nourrisseurs des environs d'Edimbourg, donnent jusqu'à
40 litres de lait. On a importé cette espèce dans le nord de
l'Allemagne, où elle a été comparée avec soin aux meilleures vaches connues non-seulement de l'Allemagne, mais
encore avec celles de Hollande et de Suisse, et il a été reconnu qu'elle donnait plus de lait que toutes les autres espèces, quelque grandes qu'elles fussent, tandis que l'espèce
du comté d'Ayr est petite.

Si le cultivateur habite un pays de montagnes, froid, humide et très-peu fertile, je lui conseillerai la belle espèce des
vaches sans cornes d'Angus, auprès de la ville de Dundée,
ou bien celle aussi sans cornes du comté de Galloway, en
Écosse.

Le pays que j'ai traversé, entre Néronde et Bourges, est
de nature calcaire, assez fertile, mais rien moins que pit-
toresque. Je suis parti le 18 août, à trois heures du matin,
de Bourges, et suis arrivé à Menetou-Salon à cinq heures.
Le prince d'Aremberg possède ici une terre fort considérable,
qui est ornée d'une fort belle habitation ; il n'y passe ordinairement que quelques mois dans le temps de la chasse, et
y fait cependant de grandes améliorations, en y construi-
sant de belles fermes au milieu des Bruyères considérables
qu'il fait défricher et rend fertiles au moyen de très-forts
marnages, et en les louant à d'excellents fermiers qu'il a
fait venir du département du Nord. Je suis allé chez M. Cormon, artiste vétérinaire, qui est de Lille, et que le prince a
chargé de la direction de ses améliorations agricoles.
M. Cormon m'accompagna chez un des fermiers venus de

Lille. C'est un petit vieillard très-actif et intelligent, qui a fait déjà bien des améliorations depuis deux ans qu'il est arrivé dans ce pays. Le prince a construit là, à côté, d'anciens bâtiments de ferme en fort mauvais état, une très-belle maison pour le fermier, qu'on m'a dit coûter une vingtaine de mille francs ; on peut dire qu'elle est trop belle et trop considérable, car, si le fermier doit payer l'intérêt de ce qu'elle a coûté, cela augmentera de beaucoup le loyer de ses terres. Ce fermier, dont j'ai oublié le nom, est veuf ; mais il a une fille mariée. Son gendre et son fils sont avec lui. Il a amené plusieurs domestiques du département du Nord. Ces gens parlent bien français, quoiqu'ils soient Flamands, et ceux avec qui j'ai parlé m'ont paru intelligents ; le fermier m'a dit qu'ils ne lui coûtent que 12 fr. par mois et leur nourriture.

Ce fermier a déjà marné une grande quantité de ses terres, a arraché beaucoup de haies inutiles ou nuisibles, a défriché des Bruyères ; enfin il a agi comme s'il était fermier en argent et à long bail, tandis qu'il n'est que métayer. On lui a fourni les bestiaux, qui sont à moitié perte et profit ; mais les voitures, les charrues et autres instruments ou outils d'agriculture ont été achetés par le métayer. En marnant beaucoup, en défrichant, il use, il casse son attirail de culture ; il a donc beaucoup d'argent à donner au maréchal, au charron et au bourrelier. Il améliore les terres, il cultive très-bien, ce qui demande beaucoup de labours et de hersages ; il fait des composts avec de la bonne terre, de la chaux et du fumier, cela demande beaucoup de main-d'œuvre, tant pour les préparer que pour les conduire au champ et les y répandre. Il obtient donc, à force de travail, de soins, d'intelligence et de dépenses, de fort belles récoltes ; mais, comme le propriétaire en prend moitié comme loyer, il faut donc que le fermier paye toute la dépense qu'il a faite pour les obtenir sur la moitié du produit : de cette manière il ne peut pas s'y retrouver, et son capital sera bientôt épuisé. Il ne se trouve à moitié que pour quelques

années, me répondra-t-on ; oui, mais c'est pour pouvoir fixer
la valeur du loyer qu'il est ainsi. Si on avait voulu le fixer
sur le produit fourni par les anciens métayers, on n'aurait pas
attendu trois années ; c'est donc pour le fixer sur le produit
de ces trois dernières années, et, comme le capital du fermier aura servi à augmenter de beaucoup les moitiés que le
propriétaire aura reçues, il sera difficile qu'il s'entende avec
le fermier ; et, dans le cas où ils ne s'entendraient pas et que
le fermier serait obligé de chercher fortune ailleurs, comment rentrera-t-il dans le capital employé en améliorations
et dans les journées que lui et les siens, qui ne sont pas
à gages, ont faites pendant ces trois années ? Le propriétaire
a beau être l'homme le plus délicat du monde, il ne consen-
tira pas à indemniser son fermier ; car la somme exigée pour
cela lui paraîtra bien plus considérable que la valeur des
améliorations, dont la plupart ne sont plus visibles une fois
qu'elles sont faites. Je trouve donc qu'un propriétaire hon-
nête homme, et un fermier qui est décidé à cultiver très-
bien, de suite qu'il sera arrivé dans sa ferme, comme je l'ai
vu faire à tous les fermiers flamands ou wallons que j'ai
vus arriver dans le centre de la France ; je dis donc que ces
deux personnes devront éviter, pour n'avoir pas de désagré-
ments par la suite, de faire un arrangement provisoire et
à moitié pendant quelques années, avant de convenir du
prix du bail. Mais, me dira-t-on, comment alors fixer ce prix
dès le début ? C'est au propriétaire à savoir se contenter du
prix qu'il obtenait du bail précédent, ou bien d'une légère
augmentation à ce prix pour le tiers d'un bail qui devra être
d'au moins dix-huit ans, si les terres sont en mauvais état
et ont besoin de grandes améliorations, en stipulant une
augmentation raisonnable pour le second tiers, et enfin
une autre augmentation pour la durée du troisième tiers.
Au lieu de cela, la plupart des propriétaires qui louent à
des fermiers venant d'autres parties de la France ou de
Belgique louent de suite avec une forte augmentation.

Il s'ensuit que la plupart des fermiers étrangers au

Centre , qui viennent y louer des fermes et qui n'ont presque jamais un capital suffisant pour l'étendue des terres
qu'ils prennent , et surtout pour l'état d'épuisement où se
trouvent ces terres , qui n'apprécient pas bien les difficultés
qu'il y a à faire des défrichements, des labours plus profonds que ceux qu'on donne dans tous les pays mal cultivés,
qui n'ont pas évalué le prix de revient des marnages ou
chaulages , indispensables dans la plupart des terres de ce
pays ; enfin qui ne croient pas qu'il leur faudra de l'argent
pour acheter des engrais , qui seront indispensables pour
mettre les terres en état de produire des fourrages et racines
destinés à augmenter les fumiers, sans lesquels leur bonne
culture restera sans succès ; il s'ensuit que la plupart se
ruinent ou végètent tristement le reste de leurs jours.

Notre bon vieux fermier m'a fait voir de fort belles
Avoines, beaucoup de Sarrasin très-bien venu , du beau
Chanvre en plein champ, mais après avoir reçu une énorme
fumure. Ce brave homme cultive des Carottes jaunes de
Flandre, qui viennent très-grosses et sont très-bonnes à
manger ; il en a fait beaucoup de semenceaux, pour pouvoir en vendre de la graine. Il a des petits tonneaux contenant 1 hectolitre ou 150 litres, qui lui servent à aller
chercher les vidanges dans les villes environnantes, et
même à Bourges, qui est à 20 kilomètres de la ferme.
Il m'a dit qu'ils sont bien plus commodes que les grands
tonneaux qui sont fixés sur les charrettes ; car un homme
porte le petit tonneau, une fois qu'on l'a aidé à le charger
sur son épaule, sur la voiture sans avoir besoin d'un aide ;
il peut passer par les corridors les plus étroits, cela sans verser de cette matière infecte.

M. Nève, un ancien sucrier des environs de Douai, est
maintenant fermier à moitié d'une ferme de plus de
200 hectares qui étaient presque tous en Bruyères, il y a
quatre ans, quand il y est arrivé. Il a si bien travaillé
depuis ce temps, que le tout est défriché, et une bonne
partie marnée à raison de 80 à 120 mètres cubes par hec-

tare. Sa ferme est fort belle et tout nouvellement construite. Ce que je lui reproche, c'est d'avoir une grange beaucoup trop considérable ; car, maintenant qu'on a de fort bonnes machines à battre, on n'a besoin que d'une grange suffisante pour contenir deux fortes meules, dont l'une de grains d'hiver et l'autre d'Avoine, ainsi que la place nécessaire pour établir la machine à battre, une pièce qui contient le hache-paille et le fourrage coupé, enfin un emplacement suffisant pour contenir la paille des deux meules, afin de n'être pas forcé de la mettre en meules par un mauvais temps. Une grange considérable coûte fort cher, il en coûte plus pour bien ranger les gerbes à de grandes hauteurs que de les mettre en meules ; un autre inconvénient, c'est la presque impossibilité d'y détruire les rats et les souris.

M. Néve a fait, cette année, de fort belles récoltes de Froment ; il a des Avoines de toute beauté, dans lesquelles j'ai vu, avec plaisir, du Trèfle qui est très-bien venant, et qui ne serait pas là, si l'on n'avait pas si fortement marné ces défrichements. Il a de très-beaux Maïs et une espèce de Haricots blancs qui sont très-vigoureux et couverts de siliques.

M. Néve a fait venir de Roubaix, près Lille, bon nombre de domestiques flamands, qu'il paye de 12 à 15 fr. par mois ; il en est fort content. Il forme d'immenses composts faits avec de la terre, des Bruyères et de la chaux, et l'on arrose le tout avec du purin ; il a deux énormes citernes à purin, sur lesquelles sont placées des commodités. M. Néve vient de marier sa fille aînée avec un jeune Flamand que le prince a mis dans une ferme de 60 hectares.

M. Néve a mis sur un énorme chariot, qu'il a amené de Flandre, deux tonneaux considérables, qui sont cerclés en fer : ils lui servent à ramener des vidanges de Bourges. Il faut trois de ses domestiques flamands pour remplir ces tonneaux ; la matière qu'ils doivent contenir ne lui coûte que le transport. Ses gens partent à deux heures du matin et rentrent le soir. Je crois que les petits tonneaux de 1 hectolitre employés par le vieux fermier lillois conviennent mieux pour faire cette besogne, assurément fort utile, mais rien moins qu'agréable. M. Néve m'a dit qu'il fallait six de ces grands tonneaux pleins de vidange, pour fertiliser 1 hectare pendant deux ans. En comptant un jour et demi de trois hommes pour approcher deux tonneaux, cela reviendra à 9 fr., pour les trois chevaux 9 fr., l'user et l'intérêt de la voiture 5 fr.; cela fera pour les trois voyages 69 fr. C'est une fumure bien peu chère et très-efficace d'après lui. Il mêle ces vidanges avec un compost formé de terre et de chaux.

J'ai voyagé, en venant de Bourges à Menetou, avec une personne bien vêtue. Elle s'exprimait fort bien et paraissait connaître parfaitement la culture flamande. Je l'avais prise pour un fermier qui venait visiter le Berry pour voir s'il trouverait de l'avantage à y louer une ferme; je fus étonné de lui voir deux malles. Quand nous fûmes arrivés à Menetou, il m'apprit que, désirant connaître ce pays, il venait chez M. Néve comme maître valet; il ne me dit pas ce qu'il devait y gagner. Cet homme me parut avoir les connaissances voulues pour bien diriger une culture d'un propriétaire qui voudrait donner l'exemple d'une bonne culture dans un pays où elle est mauvaise.

Je me rendis de chez M. Néve, au château de Lauroy, chez M. Lupin, qui cultive quatre belles fermes formant ensemble une étendue de plus de 600 hectares. Il est, je crois, le premier cultivateur français qui ait compris toute l'utilité de l'assainissement complet des Anglais pour les terres dont le sous-sol imperméable ne permet pas à l'eau de pluie de s'infiltrer dans ses entrailles. Il a donc fait venir, en 1846, une machine pour faire des tuyaux de terre cuite, au moyen desquels le drainage est devenu infiniment moins cher qu'il l'était lorsqu'on employait des pierres pour mettre au fond des rigoles couvertes, et il se trouve si bien des assainissements qu'il a déjà établis, qu'il en augmente le nombre aussi vite que possible. Il met, dans ses terres qui souffrent le plus de l'humidité, les drains à 10 mètres les uns des autres, il leur donne une profondeur de 120 centimètres, et cet ouvrage lui revient, tout compté, à moins de 200 francs par hectare, quoique son sous-sol soit généralement garni de pierres petites ou grosses, ce qui augmente de beaucoup la dépense.

M. Lupin, qui sait l'anglais, a été plusieurs fois en Angleterre. Il reçoit les meilleurs journaux d'agriculture de ce pays, qui le tiennent au courant de toutes les améliorations qui s'introduisent journellement dans la culture, déjà si perfectionnée, de ce pays.

Il a fait venir un régisseur et un maître valet d'Écosse, ainsi que plusieurs des meilleurs instruments d'agriculture de ce pays. Il a deux taureaux durhams, un taureau et des vaches de la belle espèce charolaise, qui a été tant perfectionnée par M. Louis Massé; il a des vaches normandes et bretonnes, enfin des élèves provenant du croisement durham.

M. Lupin a aussi des troupeaux considérables provenant d'un croisement entre béliers dishleys et brebis mérinos, ou de Crevant. Il a des cochons de la grande espèce craonnaise, qu'il croise avec celle du Berkshire, ou avec les anglo-napolitains, si estimés en Angleterre. Il construit des maisons de journaliers pour augmenter la main-d'œuvre, qui est devenue trop rare chez lui depuis qu'il a défriché une énorme quantité de Bruyères, de pâtureaux et de larges haies, qui formaient de véritables taillis entre ses trop petits enclos. Comme il a d'excellente marne, il s'en sert pour tous les champs qui ne sont pas trop éloignés des marnières, et, n'ayant pas de pierre à chaux sur ses propriétés, il a acheté, à 3 lieues de chez lui, un champ situé sur les bords de la route de Bourges, qui se trouve contenir une inépuisable carrière de pierres calcaires; il y a fait construire un four à chaux continu, au moyen d'anthracite qu'il achète à Montluçon, d'où il le fait venir, par bateaux, sur canal du Berry jusqu'à Bourges, qui n'est qu'à 16 kilomètres de son four à chaux. Cette chaux ne lui coûte, sur place, que 60 centimes l'hectolitre ; elle sert d'abord à chauler les terres trop éloignées des marnières, ou même celles qu'on ne vient pas à bout de marner, car il faut beaucoup de temps et d'attelages pour parvenir à marner une grande étendue de terres à raison de 70 à 80 mèt. cubes par hect., d'autant plus que, dans la belle saison, les autres travaux dérangent fréquemment les attelages destinés au marnage, et que, par le mauvais temps, les chemins sont bientôt défoncés et finissent par arrêter cet ouvrage. On emploie ensuite la chaux à petites doses sur les terres marnées, c'est-à-dire à raison d'une vingtaine d'hectolitres, lors de chaque fumure. Cela augmente infiniment le produit des récoltes ; on en mélange aussi avec toutes les balayures de grange, afin de détruire ainsi la germination des nombreuses graines de mauvaises herbes qui s'y trouvent.

M. Lupin a une machine à battre à poste fixe, et une deuxième construite pour se rendre d'une ferme à l'autre ; celle-ci a été faite d'après celle que M. Moll a fait venir d'Angleterre, en 1843, pour le Conservatoire des arts et métiers. Il a un hache-paille et un coupe-racine dans chaque ferme ; il a un moulin destiné à faire la farine pour manger et un autre qui sert à moudre tous les grains consommés par ses nombreux bestiaux.

Il a une meule destinée à écraser le plâtre, les tourteaux, et enfin les jeunes tiges d'Ajonc, qui sont une si excellente nourriture pour toute espèce de bétail. M. Lupin a compris parfaitement que, pour obtenir de très-belles récoltes dans des terres qui étaient épuisées par une mauvaise culture ou qui n'étaient pas naturellement fertiles, il fallait acheter beaucoup d'engrais pour être ajoutés aux fumiers produits sur les lieux. Il fait donc acheter à Bourges et Vierzon les cendres lessivées, la suie et des os : il fait venir de Nantes, de chez M. Maës, du guano du Pérou ; enfin du noir animal d'Orléans et de Paris. Ce dernier engrais lui rend les plus grands services dans ses terres de défrichement, et le guano sur les anciennes terres ou sur les prés. Quant aux os, il les fait mettre en tas sur quelques fagots bien secs qu'on allume : cela réduit les os en cendres, qu'on écrase facilement; on y ajoute de l'acide sulfurique dans la proportion d'un tiers d'acide du poids des cendres, cela produit du superphosphate de chaux, qui est un excellent engrais, surtout quand on le mélange avec d'autres substances destinées à fertiliser la terre. Une demi-fumure en fumier, un quart de fumure en guano et un quart en superphosphate donnent beaucoup plus de produits, étant réunis, que si on les avait employés séparément.

M. Lupin engraisse beaucoup de bêtes à cornes, de moutons et de cochons ; il achète, à cette occasion, beaucoup de tourteaux de Noix ou de Colza ; ce qui, tout en engraissant plus vite ces animaux, améliore singulièrement ses fumiers. Il élève aussi beaucoup de chevaux qui, recevant de l'Avoine dès qu'ils peuvent en manger, font de bon fumier.

Il a fait venir un certain nombre de familles belges pour occuper une partie des maisons nouvellement construites, afin d'avoir des ouvriers habitués à la culture perfectionnée, qui sachent bien faire venir le Lin et ensuite le préparer. M. Lupin a plus de 100 hectares de prés qu'il améliore par l'assainissement, ensuite par l'irrigation, enfin par des applications de guano et de cendres ; ce qui y fait des merveilles, tant pour l'abondance que pour la qualité du foin.

Un des maîtres valets au service de M. Lupin a imaginé un moyen fort simple pour faciliter la bonne construction des meules, moyen que je n'avais pas encore vu employer ailleurs. Il prend deux échelles qu'il place l'une vis-à-vis de l'autre auprès de la meule : lorsque celle-ci est déjà trop élevée pour que l'homme qui décharge la voiture puisse élever les gerbes dessus, on met une planche sur les deux barreaux des échelles, qui sont de niveau à la hauteur voulue; on place sur cette planche un homme qui reçoit les gerbes tendues depuis la voiture et les élève autant qu'il le faut.

A mesure que la meule devient plus haute, il remonte la planche d'un échelon. On évite ainsi que la meule n'ait un creux à l'endroit où cet homme se trouve habituellement placé.

M. Lupin a mis 400 kilogrammes de guano du Pérou par hectare sur un de ses plus mauvais champs, et c'est là que s'est trouvée sa plus belle récolte de Froment.

Il sème ses grains, ses Navets et ses Carottes avec le semoir Hugues, et ses Betteraves ou Rutabagas avec un semoir qui lui est venu d'Aberdeen. Celui-ci sème deux lignes à la fois, sur deux billons à la Northumberland ; il délivre en même temps deux espèces d'engrais pulvérulents, qui se trouvent séparés de la semence par un peu de terre ; ce qui est essentiel, du moins avec plusieurs espèces d'engrais, telles que le guano, le nitrate de soude, le tourteau, etc. Ce semoir peut semer ses deux lignes séparées depuis 50 à 80 centimètres. M. Lupin m'a dit que le guano faisait encore parfaitement son effet la seconde année, et qu'il verrait, l'année prochaine, si la terre s'en ressentait encore à la troisième récolte ; je pense que ceci ne peut avoir lieu que lorsque la dose de cet engrais a été considérable, comme cela arrive, du reste, aussi avec le fumier.

Je me suis rendu du château de Lauroy chez M. Mariotte, un ancien négociant qui, en se retirant des affaires il y a quatre ans, a acheté une terre de 400 hectares dans la commune de Villcherviers, auprès de Romorantin. Comme il est très-actif et fort entendu, il y a déjà fait d'immenses améliorations ; il a construit, avec les matériaux de trois misérables fermes, deux fermes très-convenables et commodes : il vient d'en louer une à M. Mercet, un élève de Roville, et qui a été son régisseur depuis qu'il a fait cette acquisition. J'ai admiré chez M. Mariotte un champ d'environ 15 hectares couvert de fort belles récoltes sarclées, telles que Pommes de terre, du Maïs, dont les pieds se trouvaient en tous sens, à 1 mètre les uns des autres ; il y avait de fort beaux Haricots entre les pieds de Maïs, et une ligne de belles

Disettes entre deux rangées de Maïs. J'ai vu de fort beaux Navets semés en juin après une récolte de Vesces fauchées en vert ; il y avait beaucoup de Sarrasin et des Navets d'éteule qui levaient seulement.

Je n'ai trouvé sur pied, en fait de grains, que des Avoines, qui étaient très-belles ; mais elles se trouvaient sur une excellente terre noire et argileuse dont il a une cinquantaine d'hectares ; elles sont difficiles à cultiver et sujettes aux inondations de la Saudre, assez forte rivière qui est un affluent du Cher. M. Mariotte compte les transformer en prés ; il a trouvé des ados considérables de cette terre noire, espèce de vase desséchée qui avait été retirée de ruisseaux qui s'écoulent dans la rivière ; il les a fait piocher et transporter dans ses terres sablonneuses, à qui cela fait le plus grand bien, ainsi que la marne qu'il fait tirer sur la propriété, mais qui n'y est pas abondante. Il a fait boucher avec des amas de sables, ainsi qu'avec les ados des fossés qui entourent ses pièces de terres légères, des mares, après en avoir retiré toutes les vases qui ont été traitées en composts. M. Mariotte, sans connaître encore le drainage des Anglais, a fait creuser beaucoup de rigoles couvertes pour assainir ses terres les plus humides ; il y a fait mettre des cailloux, mais ceux-ci sont rares dans cette localité, ainsi que les pierres. J'ai vu dans ces sables de fort beaux Trèfles de l'année et de deux ans ; ce résultat est dû au marnage et aux terrassements. Ces belles récoltes sarclées dont j'ai parlé se trouvaient aussi dans les sables, qui ont reçu jusqu'à 500 mètres cubes de cette bonne terre noire d'alluvion, sans compter une bonne dose de marne argileuse. Ainsi ces sables usés, que de bons cultivateurs du pays engageaient M. Mariotte à semer en Pins, tant ils les trouvaient mauvais, donnent maintenant de fort belles récoltes de Froment.

M. Mariotte peut se procurer autant de fumier qu'il le désire, qu'on lui rend sur place pour 5 francs le mètre cube ; c'est du fumier d'auberge venant de Romorantin, dont il n'est qu'à 4 kilomètres. Il a trouvé à acheter, par suite des circonstances de cette époque, de la chaux fusée qu'on lui amenait de Blois, qui se trouve à 40 kilomètres de sa propriété, pour 2 fr. 50 cent. les 225 litres.

Il a un troupeau de grandes brebis wurtembergeoises qui se monte à cent mères et les élèves ; les brebis lui ont coûté 32 fr. pièce, et les béliers 50 fr. Le berger est wurtembergeois, et a amené ce troupeau de son pays en Lorraine, il y a sept ans ; on est fort content de cet homme, qui gagne 1 fr. par jour, étant logé et nourri, et il a, en outre, les bénéfices en usage. Les moutons de cette espèce arrivent, à l'âge de trois à quatre ans, au poids de 25 à 30 kilogrammes, viande nette ; les brebis, à l'âge de cinq à six ans, à celui de 25 kilogrammes. Les toisons, lavées à dos, pèsent 2 kilogrammes et demi, et font de la bonne laine à matelas.

M. Mariotte prétend qu'il n'a que de la perte dans l'engraissement des bœufs du pays, pendant qu'il obtient un peu de bénéfice sur celui des bêtes à laine ; il attribue cela aux soins bien entendus que son berger prodigue à son troupeau, pendant que les bouviers solognots, au contraire, ont été, jusqu'à cette heure, fort négligents et paresseux ; ils lui ont laissé périr un bœuf et ont mal engraissé les autres. Il achète des cendres lessivées à 5 et 6 francs le mètre cube. Il trouve du bénéfice à vendre du foin à Romorantin et à y acheter en place des engrais ; il est donc décidé à ne plus engraisser de bêtes à cornes.

M. Mercet, son fermier, a fait construire dans les environs de Mirecourt, en Lorraine, une machine à battre allant avec deux chevaux. Elle a coûté 700 francs ; elle ne laisse pas de grain dans la paille et bat, m'a-t-on dit, de cinquante à soixante gerbes, pesant chacune de 15 à 16 kilogrammes, par heure.

Le jeune Lorrain qui a fait cette machine en a fait aussi une pour les fermiers belges qui sont à Sigonneau, très-belle ferme située à 25 kilomètres de Romorantin, en remontant le Cher : ils en sont très-contents. Cet homme compte rester dans le centre de la France, s'il y trouve sa vie à gagner.

M. Mariotte a employé avec succès et bénéfice du sang desséché et de l'engrais musculaire, qu'il achète au nouvel abattoir, qui se trouve dans la plaine des Vertus, non loin de la Villette : il le paye de 12 à 14 francs les 100 kilogr.; il en faut 800 kilogr., et il dit qu'il a paru davantage à la seconde récolte qu'une bonne fumure de fumier, qui, à raison de 40 mètres cubes, avait coûté près du double. M. Terray de Vindé, qui a aussi employé avec grand succès et à la même dose le sang desséché sur d'excellentes terres, m'a dit que son effet ne durait que pour une récolte. Il m'a dit aussi que, cultivant une ferme de Champagne retirée nouvellement des mains d'un fermier qui avait bien usé les terres, il y obtenait de fort belles récoltes en y mettant 300 kilogr. de guano du Pérou. Ayant parlé du bon effet du guano à M. Mariotte, il en a de suite demandé 2,000 kilog. pour en faire l'essai.

J'ai visité, le 3 septembre, la sucrerie de Betteraves de Bresles, qui se trouve sur la route de Clermont à Beauvais. J'y ai vu une soixantaine d'hectares de fort belles Betteraves, dans lesquels il y avait peu de manques ; elles sont fort bien sarclées depuis qu'on le fait à la journée, et on leur donne ainsi quatre façons pour moins de 100 francs, tandis qu'à la tâche on ne leur en donnait que trois, l'éclaircissage compris ; elles étaient alors bien moins propres, cela n'était jamais fait à temps, les sarcleurs s'arrangeant de manière à faire durer leur ouvrage jusqu'à la moisson, et ils y travaillaient tel temps qu'il fît : maintenant on prend beaucoup d'ouvriers à la fois pour expédier cette besogne dans les moments favorables. On ne peut pas fumer chaque fois qu'on plante des Betteraves, dont deux récoltes au moins se suivent ; je pense qu'on aurait un grand avantage à faire venir du guano, lorsqu'on manque de fumier, pour en donner à chaque récolte de ces racines, dont la culture est beaucoup trop chère pour qu'on ne doive rien négliger, afin d'en obtenir des récoltes abondantes. 500 kilogr. de guano, qui coûteraient, rendus à Bresles, au plus 160 fr., transformeraient une récolte non fumée, et qui produit de 25,000 à 30,000 kilogr. au plus, en une récolte de 50,000; les Betteraves valant 16 francs les 1,000 kilogr., cela doublerait·le capital avancé.

M. Decrombecq a envoyé nouvellement un jeune homme fort intelligent pour diriger dorénavant la culture de cette sucrerie. Il a semé des Navets après les Vesces fourrages, et du Trèfle incarnat après du Froment; il a fait venir de Lens une houe à cheval comme sont celles de M. Decrombecq, ainsi qu'un rouleau de Croskyll du grand modèle, qui pèse 1,750 kilogr. et coûte, pris sur place, 725 fr. Il a déjà employé sa houe à cheval, qui est à trois socs et qui se trouve montée sur un cadre porté par quatre roues, d'une manière fort intelligente dans ses Navets; ceux-ci sont semés en lignes espacées de 50 centimètres. Quand le temps de les éclaircir fut arrivé, le nouveau directeur de la culture fit passer la houe à cheval à travers les Navets, en se dirigeant à angles droits de la direction des lignes; cette opération, que je n'avais pas encore vu faire, diminua de beaucoup la main-d'œuvre de l'éclaircissage. Cette triple houe à cheval, dirigée par un homme et attelée d'un seul cheval, est un excellent instrument que tout bon cultivateur devrait avoir, et je n'en ai encore vu que chez M. Decrombecq et chez M. Ferdinand de Bocarmé, qui l'a imaginée.

On a besoin de quatre paires d'excellents bœufs du Morvan ou du Charolais pour faire tourner la râpe à Betteraves, et, comme on marche jour et nuit, il faut, rien que pour cette opération, seize paires de bœufs, sans compter des bœufs de rechange pour remplacer les malades; on a encore une trentaine de bœufs pour la culture et sept chevaux. Une machine à vapeur serait infiniment plus économique que ce manége, qui fatigue singulièrement les attelages. Un fait extraordinaire, c'est que les habitants et le maire de cette petite ville aient voulu empêcher le nouveau chef de culture de faire labourer les chaumes après la moisson pour les semer en Navets ou en Trèfle incarnat, en alléguant qu'on n'avait pas le droit de les priver de la vaine pâture sur ces chaumes, qui ne devaient être rompus qu'à l'époque habituelle où tout le monde le fait.

On ne conçoit pas qu'un maire, riche propriétaire et habitant d'un pays si rapproché de la capitale, puisse avoir une aussi sotte prétention que celle d'empêcher un cultivateur de labourer sa terre quand cela lui convient, en admettant, toutefois, qu'on ait rempli le vœu de la loi, qui exige qu'on laisse glaner dans un champ dont la récolte vient d'être enlevée avant d'y mettre le troupeau ou la charrue.

Il faudrait introduire dans cette culture de meilleures charrues et herses ; on devrait y adopter la charrue à soussol, car les terres y sont saines, profondes et excellentes, et elles produiront infiniment plus, surtout en racines, si on les fouille de temps en temps à 45 ou 50 centimètres de profondeur. On nourrit ici les bœufs avec du foin et de la pulpe sans y ajouter des tourteaux de Lin et d'OEillette ; on a d'autant plus tort que, tout en entretenant mieux et plus facilement le bétail en bon état, on aurait un fumier infiniment plus fertilisant, ce qui n'est pas une chose à dédaigner nulle part, mais surtout dans une sucrerie, où la culture considérable de racines ne prédispose pas les terres à donner d'abondantes récoltes de grains, si l'on n'y ajoute pas des engrais provenant du dehors de la ferme. Cela augmenterait aussi le lait des vaches, qui est vendu ici, pour Paris, à raison de 8 centimes le litre.

On a ici un hache-paille et une machine à concasser le grain, mais on ne s'en sert pas, car on ne les a pas adaptés au manége de la machine à battre, et l'on trouve, avec raison, que les faire marcher à bras est trop long et trop dispendieux.

Il faudrait aussi à cette belle exploitation, dont toutes les terres sont de très-bonne qualité, un bon scarificateur pour ameublir parfaitement la terre, et avec lequel on puisse déchaumer de suite après la récolte, avant que la terre ne soit devenue trop dure pour pouvoir le faire superficiellement. Quand les graines des mauvaises herbes ne sont recouvertes que par quelques centimètres de terre, elles lèvent à la première pluie et sont ensuite détruites par les hersages et les labours qui suivent. Le meilleur instrument de ce genre se trouve chez M. Decrombecq, c'est le scarificateur de lord Ducy, qui a été inventé par M. Clyburn, un ingénieur qui dirige les forges de ce seigneur; on y a joint la herse de Norwége, qui se compose d'un triple rouleau à longues dents de fer, qui, en marchant, travaille la terre jusqu'à 16 ou 17 centimètres de profondeur, de manière à y pulvériser les mottes qui s'y trouvent enfouies et à en ramener le Chiendent qui souvent l'infecte. Ce triple instrument, qui vient d'arriver d'Angleterre, est excellent, mais a un grand inconvénient pour les cultivateurs du continent, c'est qu'il coûte fort cher; son prix, dans la fabrique d'instruments aratoires de M. Grant, de Stamford, en Angleterre, a été de 550 francs, mais il ne faudra pas trois ans pour qu'il soit payé par l'augmentation des produits qui lui seront dus.

J'ai visité, près de Beauvais, un dépôt coquillier contenant une quantité considérable de grandes écailles d'huîtres et un sable mélangé de petits coquillages marins, qui ont cela de particulier qu'ils se réduisent en poussière en les pressant entre les doigts, ce qui n'arrive pas à ceux qu'on trouve dans les falunières de Touraine, ou bien dans les environs de Pontlevoy. Il existe dans bien des parties de la France des dépôts coquilliers, et l'on n'en a pas tiré parti pour la fertilisation de la terre, excepté en Touraine, avec les faluns, qui, à la vérité, ne sont composés, en presque totalité, que de coquilles; mais comme il est arrivé en Angleterre que des sables contenant des coquilles marines ont produit une grande amélioration dans des terres composées elles-mêmes de sable, ce qui, d'après des analyses, a été attribué à du phosphate de chaux contenu dans ces sables coquilliers, cette expérience et plusieurs autres ont attiré, une fois qu'elles ont été connues, l'attention de beaucoup d'agriculteurs et de chimistes sur les dépôts coquilliers et les marnes, parmi lesquelles il y en a certaines à qui on reconnaît un pouvoir très-fertilisant, et l'on est arrivé à découvrir des marnes et des sables coquilliers dans lesquels la chimie a trouvé depuis 2 à 16 pour 100 de phosphate de chaux. On a découvert, dans certaines couches de ces sables, beaucoup d'os fossiles et des espèces de pierres qu'on nomme *coprolites*, ce qui veut dire, en grec, engrais pierre; ces os fossiles et ces coprolites, qui, dans certaines parties de la Grande-Bretagne, existent en assez grande abondance pour qu'on en fasse un commerce suivi, contiennent jusqu'à 60 pour 100 de chaux, ou à peu près 30 pour 100 d'acide phosphorique. Il est donc à désirer que des chimistes français analysent le contenu des dépôts coquilliers et les marnes jouissant d'une grande réputation de fertilité, et que des cultivateurs de notre pays essayent, sur de petits espaces de terre, de bonnes doses de ces dépôts coquilliers et de ces marnes, cela comparativement avec d'autres engrais et avec la terre nue; il est probable qu'on parviendra à découvrir ainsi des matières fertilisantes qu'on avait à la portée, et dont on ne tirait aucun parti, faute d'en connaître le mérite.

J'ai vu aussi des dépôts coquilliers à Montataire, sur la route de Creil à Mello, près de la ville haute de Clermont (Oise). On m'a dit que dans un endroit nommé Margnerie, et qui se trouve à quelques lieues de Beauvais, il s'en trouvait aussi. Il y en a dans la cour de Grignon, au cap la Hève, près le Havre, et dans bien des endroits dont les noms m'échappent.

J'ai visité à Beauvais un établissement où l'on fait une immense quantité de briques. Le maître briquetier, qui est des environs de Charleroy, en Belgique, m'a dit qu'un bon mouleur de son pays pouvait faire de six à sept mille briques par jour, et que, pour faire cela, il a un homme et deux enfants pour aides. Le maître briquetier en question a 6 francs pour mille grosses briques qu'il a faites avec la terre qu'on lui approche et le charbon qu'on lui fournit ; il lui en faut 1 hectolitre par mille briques, et il coûte ici 2 francs 50 centimes.

Un kalvanier, qui est un ouvrier qui s'engage dans une ferme des environs de Beauvais pour y faire la moisson, c'est-à-dire les travaux de la belle saison pendant trois mois et six jours, se trouve nourri et reçoit 6 hectolitres de Froment. J'ai remarqué un vieillard encore robuste qui m'a dit être âgé de soixante-neuf ans ; il faisait des liens à la tâche, dont on lui donne 5 centimes pour deux cents liens et 1 fr. 25 centimes pour 2 hectolitres du Froment qu'il a battu sur un tonneau pour faire la paille employée aux liens ; il m'a dit gagner ainsi, en ne travaillant pas trop fort, depuis 1 franc 50 centimes à 1 franc 75 par jour. Les journaliers sont nourris et ont 1 franc par jour ; cela dure ainsi toute l'année. Le premier charretier gagne 300 francs. Le fermier m'a dit que ses voitures, attelées de trois bons chevaux, portent de deux cents à deux cent vingt gerbes, pesant de 15 à 16 kilogrammes ; sa plus grande voiture, qui vient de lui coûter 800 francs, en porte trois cents, étant attelée de quatre chevaux. Il fait des meules de deux mille gerbes ; elles m'ont paru être assez volumineuses.

On a, dans ce pays, des vaches normandes qui coûtent depuis 150 à 300 francs pièce ; les plus belles se payent jusqu'à 400 francs. Leur produit, lorsqu'elles sont à nouveau lait et bien nourries, va de 12 à 18 litres de lait, qui se vend 8 centimes pris dans les fermes. Les meilleures terres de ces environs, qui sont éloignées de 6 kilomètres de Beauvais, se vendent jusqu'à 5,000 francs l'hectare au détail ; elles peuvent produire, dans les bonnes années, jusqu'à 36 hectolitres de Froment ; elles se louent, en corps de ferme, 60 francs par hectare. On se plaint du tort que les Pommiers font aux récoltes.

On paye le battage en donnant le vingtième ou quelquefois 60 centimes par hectolitre de Froment.

On m'a dit qu'une personne était venue se fixer dans un gros village de ce pays pour y faire des petits fromages carrés qu'on dit être une imitation d'un fromage de Franche-Comté. Cette personne achète le lait à 8 centimes le litre.

On m'a cité un mécanicien fixé à Liancourt, qui vend une grande quantité de machines à battre de la force de deux chevaux au prix de 2,000 fr., ce qui m'a paru être fort cher.

J'ai visité la ferme de Beaupuy, qui se trouve dans les environs de Compiègne et qui est située dans une plaine très-fertile. M. Dupressoir, qui en est le fermier depuis longues années, cultive environ 230 hectares; son fermage est de 70 fr. par hectare. Il n'a pas de prés, mais ce sont de véritables terres à prairies artificielles. Il cultive du Colza, de la Moutarde blanche, des Betteraves globes rouges, dont je lui ai donné, il y a sept ans, la graine, en revenant d'Angleterre; il en est si content, qu'il n'en cultive pas d'autres : elles sont énormes et lui produisent plus de 50 ou 60,000 kilog. par hectare, chaque année. L'année dernière, il en a récolté quatre-vingt-dix tombereaux d'une contenance de 16 hectolitres chacun par hectare; cela fait 1,440 hectolitres, les racines étant effeuillées. Cette année, elles lui produiront au moins autant; elles pèsent bien, en moyenne, de 4 à 5 kilog.; il y en a qui pèsent 8 et 9 kilog. Tous les fermiers du pays lui en demandent de la semence, et les journaliers lui en ont pris après ses semenceaux. Il est très-content d'une espèce de Pomme de terre que je lui ai aussi rapportée d'Angleterre; elle produit bien, est précoce, fort bonne, et n'a pas eu encore la maladie. Il sème, chaque année, une douzaine d'hectares en Trèfle incarnat dont il est fort content. Il avait, cette année, 65 hectares de Froment qui ont donné soixante-dix mille gerbes, dont il en faut trente pour 1 hectolitre; cela fera un produit de 2,333 hectolitres ou près de 39 hectolitres par hectare; il ne sème qu'environ 50 hectares de grains de printemps. On prétend cependant que ces terres ne sont pas très-bonnes pour le Froment, qu'elles poussent trop en paille et ne grainent pas assez ; je pense qu'elles n'ont pas assez de consistance : dans ce cas, un bon rouleau Croskyll pesant 1,750 kilog. les corrigerait de ce défaut. Il a· vingt-quatre bons chevaux, de douze à quinze bêtes à cornes et huit cents moutons métis. Ces bêtes parquent dans un carré formé par vingt-quatre claies, et il ne fait changer le parc que deux fois dans les vingt-quatre heures. Il fait beaucoup de Gesses à une fleur, de Luzernes et de Trèfles ; ceux-ci sont plus beaux en proportion que les Luzernes. On sème ici le Colza à la volée, et ce sont des ouvriers artésiens, hommes et femmes, qui viennent, à différentes reprises, pour les sarcler. On sépare les plantes par 9 et 10 pouces, ce qui est à peu près le double de l'espace qu'on leur accorde dans les Flandres.

M. Dupressoir paye 5 fr. par mine pour une façon de sarclage ; mais il trempe deux fois par jour la soupe des ouvriers qui l'exécutent. Les fermiers du voisinage, qui ne trempent pas la soupe, payent 7 fr. pour le sarclage d'une mine. Ces sarcleurs, que j'ai vus au moment où ils arrivaient à pied de leur pays, paraissaient très-fatigués de ce voyage ; ils étaient fort proprement mis.

La Moutarde blanche se vend, dans les années ordinaires, 40 à 50 fr. les 100 kilog.

M. Dupressoir donnait, quand j'étais chez lui, 12 litres d'Orge, en place d'Avoine, à ses chevaux ; il la faisait tremper pendant vingt-quatre heures avant de la faire consommer. Il fait des pâturages de Trèfle blanc et de Lupuline pour les moutons. On devrait semer dans ces bonnes terres, qui sont très-saines et ont une grande profondeur sur marne, du Raygrass d'Italie, qui y donnerait un grand produit d'un des meilleurs fourrages qu'on connaisse.

On entortille, dans ce pays, pendant les premières années de leur plantation, les jeunes Pommiers de paille, depuis la terre jusqu'aux branches.

Les batteurs gagnent le vingtième lorsqu'ils battent après

la moisson, pour la semence et la nourriture de la ferme ; plus tard ils n'ont que le vingt-quatrième ; cela leur produit environ 12 litres par jour pour deux hommes.

M. Pillot, un des gendres de M. Dupressoir, qui est propriétaire d'une ferme à 6 kilomètres de Beaupuy, cultive le Froment de M. Bazin et en est fort content ; il a engagé son beau-père à le cultiver.

J'ai questionné un vieux berger d'une des fermes voisines, qui m'a répondu ce qui suit : un bon berger gagne, dans ce pays, 600 fr. sans être logé ni chauffé ; on lui donne cent bottes de paille de Colza pour son four et un champ pour planter ce qu'il lui faut de Pommes de terre. Il a 10 centimes pour chaque bête qu'on vend. Il y a, dans ce pays, des troupeaux de six à sept cents bêtes gardés par un seul berger ; mais, pour le troupeau, il vaut mieux qu'il ne soit que de quatre à cinq cents têtes. Un bon chien vaut de 30 à 60 fr. au plus. Le berger doit faire, dans ce pays, trois coups de parc dans les vingt-quatre heures : un depuis le soir à minuit, le second jusqu'au matin, et le troisième jusqu'à onze heures ; dans les grandes chaleurs de l'été, il en fait un quatrième de midi à trois heures, et sort plus tôt le matin. Avec un troupeau de cinq cents bêtes, qui se compose des mères, des moutons, qu'on ne vend qu'à l'âge de quarante-deux mois, des antenois et des agneaux, il établit le parc avec trente-quatre claies ; il s'en trouve neuf dans un sens et huit dans l'autre. Il parque depuis le courant d'avril jusqu'au 11 de novembre. M. Dupressoir parque ses terres bien plus richement.

Il y a de fort grandes fermes dans ce pays, et elles sont très-bien bâties. M. Dupressoir me citait trois jeunes fermiers assez récemment mariés, qui ont chacun de 200 à 250,000 fr. de capital.

En venant de Clermont à Beaupuy, j'ai vu beaucoup de petits champs semés en Carottes ou en Betteraves. M. Dupressoir a toujours de 18 à 20 hectares en Trèfle rouge, et autant en Luzerne : celle-ci donne ordinairement neuf cents bottes en première et cinq cents en seconde coupe ; on pâture la troisième pousse.

Je me suis rendu, en me promenant, au château de Montiers, dont le propriétaire se nomme M. de Lagarde : il avait plusieurs sources dans son parc, qui se trouve situé au fond d'une vallée ; il a fait donner des coups de sonde dans le milieu de ces sources, qui ont produit trois puits artésiens qu'il a fait tuber ; un d'eux fournit beaucoup d'eau : son moulin en manquait souvent, et maintenant il en a plus qu'il ne lui en faut. Ce monsieur a construit une basse-cour des mieux distribuées et une ferme à l'anglaise charmante. Il s'y trouve une machine à battre de la force de quatre chevaux, toute neuve ; le grain passe, à mesure qu'il est battu, par deux tarares. Il y a huit emplacements pour former d'énormes meules montées sur des pieds en fonte qui sont élevés sur terre de 1 mètre ; chacune de ces places à meules se trouve couverte d'une toiture qui s'élève ou s'abaisse à volonté. Il y a de fort belles écuries et vacheries, ainsi que des bergeries ouvertes.

Une chose très-recommandable que j'ai trouvée là, ce sont deux places à fumier à l'abri de la pluie ; cela devrait exister dans toutes les fermes bien cultivées.

M. de Lagarde a renoncé à la culture peu d'années après avoir monté cette belle ferme ; il a donc vendu tout son attirail du faire-valoir, excepté les objets que je viens de citer, pour lesquels il ne s'était pas encore présenté d'amateurs ; il voulait vendre, m'a-t-on dit, chacune de ces belles places à meules 500 fr. ; elles ont dû en coûter probablement trois fois autant.

Le tarare, employé chez M. Dupressoir, est le meilleur que je connaisse en France ; il se vend 100 fr. sans les trois cylindres en fil de fer, qui coûtent chacun 25 fr.

On fait, dans ce pays, les briques pour 4 fr., mais on fournit le charbon.

J'ai visité, étant chez M. Dupressoir, la sucrerie de Francières, qui appartient à **M. Crespel-Dellisse**, qui habite **Arras**. C'est un fort bel établissement construit entièrement en briques. Il y a une machine à vapeur de la force de huit chevaux, un appareil à cuire dans le vide, des presses hydrauliques, etc., etc. On y fabrique le noir animal; on paye les os depuis 40 à 45 fr. les 500 kilogr. lorsqu'ils sont secs et de 30 à 35 fr. les os verts ou frais. En lavant le noir qui a servi pour le révivifier, celui qui est en poudre reste dans l'eau, qu'on laisse écouler dans un puisard, dont le fond qui arrive à la craie permet à l'eau de s'infiltrer, en laissant le noir dans le puisard; on agit de même pour toutes les eaux qui ont servi dans l'usine, mais en les dirigeant dans d'autres puisards; on retire les dépôts qu'elles y laissent pour en faire des engrais.

Le contre-maître, qui m'a fait voir la sucrerie, m'a dit qu'en brûlant les os pour en faire un engrais il fallait étouffer le feu une fois que les os seraient assez brûlés pour ne donner plus qu'une flamme bleue, qu'alors les os resteraient en charbon au lieu d'être réduits en cendres blanches, comme cela arrive quand on n'étouffe pas le feu à temps, et que ce charbon noir, formé par les os, s'écrase assez facilement.

Les deux semoirs, de construction différente, que j'ai vus là, m'ont paru très-imparfaits. On emploie de 15 à 16 livres de graines de betteraves par hectare. On sème de 4 à 5 hectares par jour, avec un semoir attelé d'un cheval, qu'un homme guide, sans compter l'homme qui dirige le semoir; celui-ci sème trois lignes à la fois, celles-ci sont à 50 centimètres les unes des autres.

Il n'y avait, cette année, que 1 hectare planté en semenceaux, parce qu'on avait beaucoup de graine de reste de l'année précédente; on m'a dit qu'elle se conservait bonne pendant plusieurs années. On coupe les semenceaux avant la complète maturité, on en fait des bottes de 16 centimètres de diamètre, qu'on range debout et en rond, autour d'un piquet enfoncé en terre, ayant le soin de laisser beaucoup de jour entre les bottes, afin que l'air puisse y circuler ; on assujettit le tout au moyen d'un lien de paille qui entoure ce rond environ à moitié de la hauteur.

Il existe dans cette sucrerie de grandes étables qui sont creusées en terre et recouvertes par un toit de chaume qui a dû coûter fort peu à établir : elles sont faites pour un seul rang de bêtes et dans le même genre qu'une étable qui existe chez M. Decrombecq. M. Servatius, qui dirige une grande sucrerie de Betteraves qui se trouve dans la ville de Roye, et qui a aussi la surveillance de celle de Francières, se trouvait sur les lieux au moment de ma visite ; il m'a dit qu'il nourrissait quinze cents gros moutons dans des bergeries qu'il a établies dans des caves ; il ne leur donne pour litière qu'un mélange formé de cendres tamisées, de chaux fusée et de noir fin ; il m'a assuré obtenir ainsi d'excellents engrais, et qu'il en avait vendu, l'année précédente, à une personne pour 7,000 fr. Le contre-maître m'a dit que, pour faire du charbon d'os, on faisait casser les gros os.

Les terres qui environnent la sucrerie de Francières n'en font pas partie. Elle a été construite par M. Crespel, après qu'il eut fait un arrangement avec trois fermiers qui disposent de ces terres, par lequel ils s'engageaient à lui louer le nombre d'hectares dont il a besoin : ils doivent donner un labour avant l'hiver, un autre au printemps, trois hersages, enfin lui transporter ses engrais sur les champs et en ramener les Betteraves à la sucrerie ; ils ont pour cela 326 fr. pour chaque hectare. Les Betteraves ne m'ont pas paru très-belles, car on les fume peu, et elles se trouvent presque toujours dans les mêmes champs ; on m'en a fait voir un terrain qui en produit depuis neuf ans ; l'intérêt des fermiers est de les avoir le plus près possible de l'usine, puisqu'ils sont chargés du transport des engrais et de celui des Betteraves. Le directeur de la sucrerie fait semer lui-même, et donne les trois sarclages et l'éclaircissage à faire à la tâche pour 51 fr. par hectare, ce qui est fort bon marché. Restent ensuite l'arrachage des Betteraves et la mise en silos, dont j'ai oublié de demander le prix de façon.

———

J'ai visité, en passant à Bourges, les marais qui l'entourent en partie : ils se louent par parcelles à raison de 200 à 300 fr. l'hectare, pendant que les meilleures terres qu'on puisse désirer et qui sont aussi à portée de la ville ne produisent un loyer que de 50 à 60 fr. Un bon ouvrier ne peut guère cultiver qu'un demi-hectare. On m'a dit que les parties de ces marais que le chemin de fer traverse ont été vendues jusqu'à 24,000 fr. l'hectare. Ces marais sont principalement cultivés en légumes, mais on y fait aussi du Froment et du Chanvre, mais c'est de l'espèce ordinaire et non du Chanvre de Piémont, qui permet aux habitants des bords de la Loire de louer les bonnes terres d'alluvion qui la bordent, jusqu'à 400 fr. l'hectare. Le Froment y produit beaucoup de paille et peu de grain.

On m'a dit que les Pommes de terre y avaient assez souffert de la maladie; depuis qu'elle existe, on pense qu'on a bien perdu le quart ou la cinquième partie de leur produit. On fume ces marais deux fois par an. La première fois on emploie, pour cela, soixante-deux tombereaux de fumier, attelés chacun d'un cheval ; on les paye de 8 à 10 fr. La deuxième fumure se compose ordinairement du même nombre de tombereaux de boues de ville, qu'on paye 3 fr. 50. Les ouvriers à la journée gagnent de 2 fr. à 2 fr. 50. Les prés, qui existent en grand nombre dans les environs de Bourges, sont d'une très-bonne qualité et se vendent fort cher, mais j'ai oublié leur valeur vénale.

Extrait des *Annales de l'agriculture française*, 1849.

Imprimerie de madame veuve BOUCHARD-HUZARD, rue de l'Éperon, 5.